大是文化 トヨタの会議は30分

豐田の溝通，
比JIT更強的管理利器

不怯場一分鐘報告法，主管再忙都有空詳談，
帶出敢發問、敢挑戰、敢求救的幹才。

曾任職豐田汽車、TBS 電視臺、埃森哲顧問，
以「豐田問題解決法」提供企業服務
山本大平 ◎著　黃雅慧 ◎譯

目錄

第二章 報告的法則，口頭與書面都適用 069

第三章 宛如連續劇般，豐田人的追根究柢 105

目錄

推薦序一

會議所浪費的時間，可說是國安議題

精實管理顧問／江守智

先講結論，讀完這本書的初稿後，我想我不只會寫推薦序而已，出版後一定要買給各家企業客戶參考，並引以為戒。**許多企業在開會上，經常浪費大把時間，我認為即使拉高到國安議題層次，也一點都不為過。**就讓我用簡單的數學，來算給大家看：

全臺目前公司登記數有七十一．二萬家，有效企業數量算一半，大約三十五萬家。如果平均一家公司每週開兩次會，每次一．五小時，與會者六位，這樣一年下來，就有三．三億小時花在開會上。而若是大家的開會時間，都能如書中所說，降低三十分鐘，中間就能節省近一・一億小時，相當於五・四萬人的年總工時（按：二〇二〇年，臺灣就業者平均年總工時為兩千零二十一小時），非常驚人！這可是大問題。

身為企業顧問，我每個月至少需要與十家企業召開定期會議。除了企業創造價值流程中的浪費消除、效率提升、庫存降低外，我也非常重視會議、簡報、溝通的頻率與內容。同樣一整天、七小時的企業輔導，有客戶能夠跟我討論七個部門的改善案，還能到第一線驗證、診斷；但也有公司只能勉強討論兩、三個案子。

冗長會議中常出現的場景如下：

場景①

「CA-517 機型在 Cutting 方面最近重修比率多了二〇％，請問老師，我們可以怎麼做？」（Cutting 是什麼？最近是多久期間？「多二〇％」的比較基期為何？造成重修的問題是什麼？如果不知道這些問題的答案，我還能回答出來，我大概不是同業派來的間諜，就是通靈能力覺醒了。）

場景②

「不是啊，當初業務說……採購也說……所以我們才會這樣做。現在缺料這麼嚴重，要怎麼辦呢？」（時空背景、條件交代不清，現在面臨的問題不明，對策又在哪裡？）

如果上面這兩個場景，都讓你頭皮發麻，覺得似曾相識，那麼這本《豐田の溝通，比JIT更強的管理利器》會是你最好的選擇。本書提及的會議規則設定、白板內容直接當紀錄、一分鐘資料彙整法等，都是很實用的管理工具，可以直接讓你參考、練習。同時，也有從觀念面著手，比方說不斷追根究柢問「為什麼」、從客戶需求出發、持續挑戰、及時求救等。一本書有內功心法，也有武功招式，相信會讓各位讀者有所收穫。

本書沿襲日系管理書籍的風格，以各自獨立主題的小短文集結成冊，讓人在閱讀感受上，不會有壓力，就算是通勤路上隨手翻閱，又或是遇到問題時想找到方法、對症下藥，都是極為合適的一本書。

我自己也寫過兩本與豐田精實管理有關的書，覺得本書真的在「開會、簡報、溝通」層面，將豐田精實管理的原則，應用得淋漓盡致。非常推薦給初入職場的新鮮人，以及深受冗長會議困擾的管理者作為參考。希望大家都能夠好好善用時間，創造更多的價值。

推薦序二

每天開會，有沒有創造價值？或只是浪費時間？

商業思維學院院長／游舒帆

閱讀本書，像是在回顧自己過去在企業內的經歷。位階越高、會議越多，要回覆的郵件與訊息也越多，但這些增加的工作量，卻沒有對等的提升自己的生產力。

當年的我曾為解決這些問題，而構思工作方法——例如OTPR（按：指目標管理〔Objective Key Result，簡稱OKR〕、時間管理〔Time Management〕、專案管理〔Project Management〕和回顧活動

〔Retrospective〕）工作法——藉以改善個人的工作效率，並提升團隊的生產效率。

你可以回想一下，自己工作中到底花了多少時間在開會？而這些會議到底是創造價值，抑或只是浪費大家時間？

我在二〇一五年時，一週的會議曾經多達二十個。每天進辦公室就是開會，一天得開四、五場，很難找到時間靜下來，思考重要的策略。我直覺這樣不行，所以花了三個月時間調整，才讓自己的工作節奏回到正軌。讀這本書時，我才發現我使用的方法，原來豐田早就在使用，而且落實得很徹底。

在豐田，一場會議以三十分鐘為限，會議前所有人得先做好準備，進會議室才能更高效的討論，並盡快獲得結論；豐田沒有例行性會議，這一點也是我個人特別推崇的，會議的目的是為了解決問題與獲取共識，但除了開會外，真的沒有其他方法了嗎？並不是，只是**許多企業太習慣用會議**，**來約束每個忙碌的員工**，讓他們有個場合可以聚在一起。但其實，這些人完全可以用其他形式溝通與獲得共識，不見得要透過會議。

除非特例，否則豐田的主管跟部屬不參加同一場會議。這一點很有趣，有時，因為授權不足或信任感不足，部屬不能直接做出決策，或者其他與會者不相信他能做出有效決策，所以經常要求主管與部屬同時出席一場會議。但這其實是一種資源上的浪費。豐田認為，**部屬跟主管都有各自的任務要完成**，沒有道理要把部屬當小孩一般照顧，每個人應該都培養自己做決定的能力；管理者也應該相信，每個人都有做決定的能力。

這些觀念，聽起來都非常合理，但為什麼在公司裡，落實起來卻如此困難呢？

表面原因是人的慣性使然，明明覺得開會沒幫助，但不想被視為組織內難搞的人，所以不敢說；明明知道該授權部屬，但又希望確保不會出差錯，無法給部屬犯錯空間，情願陪著部屬出席同一場會議；明明認為會議中同事說的話不符合邏輯，但又擔心提問太尖銳，會傷了對方的自尊心。

人的慣性影響很巨大，但深層的原因卻與企業文化有關。因為豐田有這樣的制度，也鼓勵這些行為，所以豐田才能成為豐田。

如果你是企業主，若希望仿效豐田，就得先讓公司有這樣的土壤，所有人都能自在的這麼做，公司的生產力自然就會提升。如果你是員工，我會建議你先從自身做起，學習如何溝通、善用主管的力量、布局，讓事情自然而然發生，身邊的環境一點一滴改變，也讓自己的工作績效越來越好，成為一個真正的高績效人士。

前言
比JIT更厲害的豐田溝通法

近年來，「基本溝通能力」幾乎成為各家企業在人力網站上刊登徵才訊息的標準條件。這個條件看起來理所當然，卻不免讓人心裡打上一個問號。

對於企業而言，溝通能力是員工不可或缺的素質。「溝通」指的是人與人之間交流往來。換句話說，企業看重的是「社交能力」。或許有人會想：社交能力？那不是做人的基本嗎？的確是如此，但事實不會像表面上看起來這麼簡單。

企業真正需要的，是「**具備一定的溝通技巧，以便順利推動各項業務**」的人才。

話說回來，什麼是有利於業務推動的溝通能力呢？是八面玲瓏的社交手腕（懂得息事寧人）？還是讓主管、同事，甚至部屬都服服貼貼的斡旋工夫（善於規畫進度，或會敲邊鼓）？

事實上，這些手腕或工夫，也不是在每家公司都用得上。況且，隨著時代的變遷，企業需要的溝通能力與過去相比，更是不可同日而語。

對目前正快速成長的企業而言，所謂溝通能力（相信這才是讀者關心的重點）就如同 4G 到 5G 的網速升級，要求的是「Gb 級的成效」（按：手機的 5G 網速可達 1 Gbps〔位元速率，電信領域中表示資訊傳輸速度的單位〕以上，至少是 4G 網速的十倍，故稱為「Gb 級」）。

一個人再怎麼厲害，能做的工作與成績總是有限。因此，對企業而言，**分工與團隊合作便不可或缺**。溝通能力雖說是團隊合作的基本條件，但**溝通的速度也不容忽視**，以免花費過多時間，反而事倍功半。

過去的職場，只要靠著圓滑的社交手段，便可一步一步的往上爬（當時的遊戲規則）。然而，時代已經不一樣了。對現今的社會而言，時間就是金錢，什麼事都得花一堆時間、四處溝通斡旋來取得內部共識的話，根本緩不濟急，容易錯失良機。

所謂爭取時間，就是在開會或者是商議的前五分鐘，簡短說明當天的議題，凝聚與會者的共識以後進行討論，同時訂定因應的解決方案。以日常性業務聯絡而言，就是掌握各種溝通管道的優缺點，同時還要靈活應用，以省時省事、一次到位（「平時承蒙多方關照……」之類的電子郵件慣用問候語，能省則省）。

面對變化莫測的時代與難以預測的未來，企業分秒必爭，避免將寶貴的時間浪費在無用的溝通上，才能拓展事業版圖，在市場擁有一席之地。

所有溝通，都必須有成果

在我轉換跑道、投身於企管顧問界以後，有幸與各行各業結交，並提供諮詢服務。然而，最讓我無法忍受的是，不論是開會或碰頭討論個一、兩句，幾乎有九成的企業仍習慣過去那一套拖拖拉拉、完全不將時間當一回事的溝通方式。

而且企業的規模越大，溝通的速度之慢，簡直跟烏龜有得比。

例如，開會必定從主管的自說自話開始：「你們知道嗎？我昨天不知道是走什麼霉運，搭個電車竟然還碰上這種事。」而其他人緊接著紛紛附和：「真的啊？後來怎麼樣了？您沒事吧？」這樣的場景，相信大家都不陌生。

更糟糕的是，有些主管喜歡在開會前抽菸，讓大家在會議室裡閒聊著乾等，開會的時間一拖再拖。

這可不是我誇大其詞或危言聳聽，而是一些老字號企業常見的陋習。

因為工作的關係，我與外商公司多少也有業務往來。我雖然不方便一一指名，但其中不乏GAFAM（亦即谷歌〔Google〕、蘋果〔Apple〕、臉書〔Facebook〕、亞馬遜〔Amazon〕與微軟〔Microsoft〕）等IT科技的龍頭企業。每當我去這些外商公司開會或商議時，其溝通速度之迅速，總讓我嘆為觀止！

在這些外商公司，不論是一大群人開會，還是兩、三個人碰頭討論，都必須得出結果。換句話說，**分配各自的任務與完成期限，是開會或討論必定要達成的目標**。當開會不再淪為空談，帶有任務壓力以後，與會者為了自身權益，便會踴躍發表意見。

外商公司雖然也注重人際關係，卻是公私分明。一涉及工作，總會爭得面紅耳赤，非得爭出一個結論不可。但是，**工作上吵歸吵，絕對不影響私下的交情**。

此外，對於自己不清楚或未能掌握的資訊，也毫不避諱。因為，不懂裝懂只會浪費討論的時間。這種實事求是的工作態度，總讓我心有所感：「難怪公司越做越大。」

美國有GAFAM這五家獨角獸，但近年來中國的科技界也不遑多讓，發展出BATH（百度〔Baidu〕、阿里巴巴〔Alibaba〕、騰訊〔Tencent〕與華為〔Huawei〕）等四大巨頭。

中國企業向來採行中央集權制，層級越高、權限越大，當機立斷的作風與歐美企業相比，稱得上有過之而無不及。開會時即使有人提議，主管總是問也不問大家的意見，便獨斷的拍板決定！相信各位或多或少有些許印象，因為這樣的場景，簡直是財經節目中的經典畫面。

現在的經濟早已邁向全球化，而且不分國界。日本企業面對的不再只是島內的市場，而是與歐美、中國的正面對決。即便像是美國與中國這種數一數二的經濟體，為了在競爭激烈的國際市場脫穎而出，總是戰戰兢兢，用Gb級的速度確保內外溝通的暢通無阻。

日本的經濟榮景雖然不復從前，但仍有企業屹立不搖，一路走來始終果斷速決，不將時間浪費在無用的溝通之上。其中，就有一家歷史悠久的企業，即便景氣起起伏伏，依然能在國際市場搶得一席之地，維持競爭優勢。

這家企業是日本數一數二的老字號，也是我的老東家。就我的親身經驗而言，其內部極重視溝通的效率，完全看不到其他大型企業拖拖拉拉的陋習。除此之外，**實事求是的本質**，更是這家龍頭企業屹立不搖的本錢之一，例如：**直球對決，兩三下達成共識**。

又例如公司本部位於愛知縣的緣故，公司裡聽到的不是三河腔（按：愛知縣東部的方言），就是名古屋腔（按：愛知縣西部的方言），不知情的人絕對無法想像，這是一家規模多麼龐大的國際企業。即便表面上看起來如此本土，但開會或商議的速度，與我接觸過的GAFAM或BATH等科技巨鱷相比，卻毫不遜色。

說了半天，到底是哪一家企業？沒錯，就是眾所周知的豐田汽車。在日本，豐田汽車雖然是世界級的大集團，卻始終低調樸實，特別接地氣。這就是我所認識的豐田。

本書內容完全出自於我的親身經歷，希望透過各種不為人知的小故事，介紹豐田汽車過去到現在，始終信守的實事求是與速戰速決的溝通技巧，提供給各位讀者職場上的參考。

說到豐田汽車，可能會馬上讓人聯想到即時管理系統（Just in Time），或自動化生產流程等產能的效率化與精簡化。然而，對於員工來說，**豐田汽車在商業溝通方面的精簡化也不遑多讓，不僅極有特色，同時蘊含專業知識**。此外，一些鮮為人知的會議技巧，或指導部屬的方法等，也是本書介紹重點。

我個人的見解與感想，或許無法全部引起你的共鳴。但若有一絲一毫能成為你職場上的參考，則為我莫大的榮幸。

豐田教我的工作精神，到哪都適用

接下來，請容我借些許篇幅介紹一下自己的經歷。畢業以後，我便進入豐田位於愛知縣的總公司擔任工程師。我所隸屬的團隊以研發為主，例如：提高車輛內部裝潢的品質、改善噪音（靜音性能）與降低產線成本等，前前後後經手過七種車款。除了商業溝通技巧，本書中提及的待人處事之道，也都是我在豐田學到的社會禮節。

之後，因為職業生涯的考量，我選擇一條完全不同的跑道，跳槽到以娛樂節目聞名的TBS（按：東京廣播電視臺）任職。在電視圈的期間，我協助製作人打造出不少熱門的電視節目，同時負責節目的宣傳與市場行銷。

二〇一四年，TBS有一個以豐田汽車創業初期為舞臺的日劇《領導者們》（按：*Leaders*，以豐田汽車創辦人豐田喜一郎的創業經歷為原型，全劇共兩集），我也在其中擔任製作助理。沒想到離開豐田以後，還能因為這樣的緣分，與舊東家再續前緣，也當真是人生的另一種奇遇。親自參與的節目竟然與培育我的公司有關，真是極其難得且珍貴的經驗。

憑藉電視臺累積的經驗與資歷，後來我又轉換跑道，進入企管顧問公司埃森哲（Accenture），擔任顧問經理。累積幾年業界經驗後，我便自立門戶，成立一家規模不大的企管顧問公司，提供商業設計或市場行銷等方面的諮詢服務。

我服務過的公司，雖然領域和性質各自不同，但我何其有幸，第一個職場就是豐田汽車。理由之一是**「厭惡拖拖拉拉」的豐田文化**，與我的個性相當契合。說的文言一點，豐田汽車尊崇的「效率化」與「精簡化」，與我一拍即合（其實，豐田之所以如此注重效率，有更深一層的理由與背景。本書為了避免離題，暫且不提）。

以我個人而言，我向來最怕塞車、排隊或誤點等狀況。我是個急性子，完全無法體會迪士尼樂園的遊客，為了玩一趟飛濺山（按：Splash Mountain，迪士尼樂園中最招牌的遊樂設施之一）不惜大排長龍的心情。

話說回來，什麼都講求「快點、快點」的話，很容易給人不好合作的感覺。因此，只要是業務所需，我也能耐得住性子。唯一不能忍受的，就是毫無效率的會議，我總是恨不得能趕快開溜。

另一方面，豐田汽車就像書中說明的一般，雖然規模龐大，但PDCA（按：指規畫〔Plan〕、執行〔Do〕、查核〔Check〕和行動〔Act〕）循環比一般公司來得快速，同時作風堅實穩健。

此外，**「改善」可以說是豐田文化的重中之重**，任何缺乏效率的作業流程，都必須想盡辦法立刻排除。換句話說，豐田文化就是將理所當然的事，持續且堅持做下去。只要會議或商討拖拖拉拉、缺少效益，總少不了主管的一陣斥責。

現在回想起來，豐田的風格、文化與速戰速決的溝通模式，正是我所認同的企業理念。因此造就或者說鍛鍊我在職場中，特別注重工作效率。

即便我離開豐田多年，仍不改當年的習慣，才能夠在各種工作崗位上順利溝通，同時以Gb級速度推動業務。

溝通速度太慢，就等著被淘汰

請容我再說一次，面對日趨複雜的世代，與難以預測的時勢，企業需要的是以Gb速度做到報告、聯絡和商量的內部聯繫，並在第一時間決斷，以便推動業務發展。

想要戰勝美國與中國的企業，就不能走回頭路，只用一句「考慮看看」含混帶過。企業需要隨時求新求變，一陳不變就只能面臨淘汰的命運。我衷心期盼在商場打拚的你，能**透過本書理解豐田汽車的「Gb級溝通力」**，同時藉由實踐來拓展業務。

除此之外，本書內容僅是我針對在豐田任職時的經驗，篩選出人人適用的商業溝通技巧。雖然都是豐田教會我的點點滴滴，但其中仍不乏一些公司內不成文的規定。

凡是我在豐田汽車所受過的教育，不論明文規定與否，只要是值得推廣的概念或專業知識，我全都彙整於本書中。正因為我接觸過不少公司，更能深刻體會，唯有豐田人才知道的習慣或思維，對企業有多大的助益。

這就是我之所以動筆寫下此書的初衷。特別是入職不到五年的上班族，應該有諸多煩惱，希望我的經驗能作為職場新人的參考。

精彩內容搶先看

何謂「豐田の溝通」？又與工作的生產力有什麼關係？進入主題以前，這裡先介紹本書的架構。本書共分為六個章節，其中前五項為溝通技巧的說明，第六章則為我職涯的心得分享，請見第二十九頁圖表。

第一章是「**豐田人開會，只需三十分鐘**」，這可以說是將工作速度提高到Gb等級，最重要的訣竅。我將透過豐田獨特的「開會模式」講解速戰速決、提高工作效率的技巧。

第二章是「**報告的法則，口頭與書面都適用**」。這章介紹的溝通能力，講究即時掌握情況、正確研判，同時發揮腦力說服對方，或是加以反駁。換句話說，就是面對各種情況，如何條理分明的發表看法，善用溝通技巧，讓大家形成共識。

第三章是「**宛如連續劇般，豐田人的追根究柢**」。這章所述，與其說是溝通技巧，倒不如說是提高工作生產力的前提。也就是面對工作的基本思維、態度與做法。

第四章是「**不怕挨罵的勇氣，新人必經的震撼教育**」。這章會說明，豐田的前輩如何將基本思維、工作技能或溝通能力等，傳達給新人。除了介紹豐田長年以來的教導模式之外，同時也提醒新人該有的心理準備與心態。

第五章是「**有些人際關係，不用維繫也沒關係**」。人際關係並非僅限於工作場合，以長遠的眼光來看，我們都應該與各種不同立場的人，建立良好的關係。擁有良好的人際關係，不僅有助於人與人之間的正向發展，同時也能夠減少不必要的負面影響；而不好的人際互動，盡量遠離為妙。此處會特別針對衝突管理（Conflict Management），解說職場上如何應用。

本書將以這五項的溝通技巧為主軸，一章一章的詳細說明。然而不可諱言的，這五大項所提示的技巧、專業知識與思考方法，都無法涵蓋所有的溝通能力。

豐田の溝通

- 第一章 豐田人開會，只需 30 分鐘
- 第二章 報告的法則，口頭與書面都適用
- 第三章 宛如連續劇般，豐田人的追根究柢
- 第四章 不怕挨罵的勇氣，新人必經的震撼教育
- 第五章 有些人際關係，不用維繫也沒關係

- 第六章 豐田訓練，讓我搏出創業路

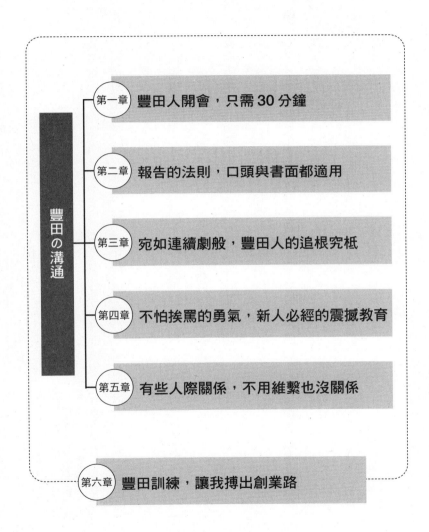

因為人與人的溝通，說到底還是得回歸做人處事之道。

就技術層面而言，可以透過學習而獲得溝通技巧。然而，只要是人與人的交往，最終還是取決於「人格特質」與「生活方式」。如果可以選擇同事，相信你也希望來往的都是品格高尚的正人君子。同理可證，其他人也是這麼要求或看待我們。

遺憾的是，所謂做人處事之道與技巧無關，也不是一、兩天便能學會。不過，只要懂得尊重對方，也就是懂得自我反省與保持同理心，自然而然能學會做人處事的道理。

因此，本書第六章特別加入我離開豐田以後的個人經驗，實際說明待人處事的道理。當你讀完本書，並懂得如何應用以後，便能發揮Gb級的溝通能力，大幅提升工作效益。

第一章

豐田人開會，只需30分鐘

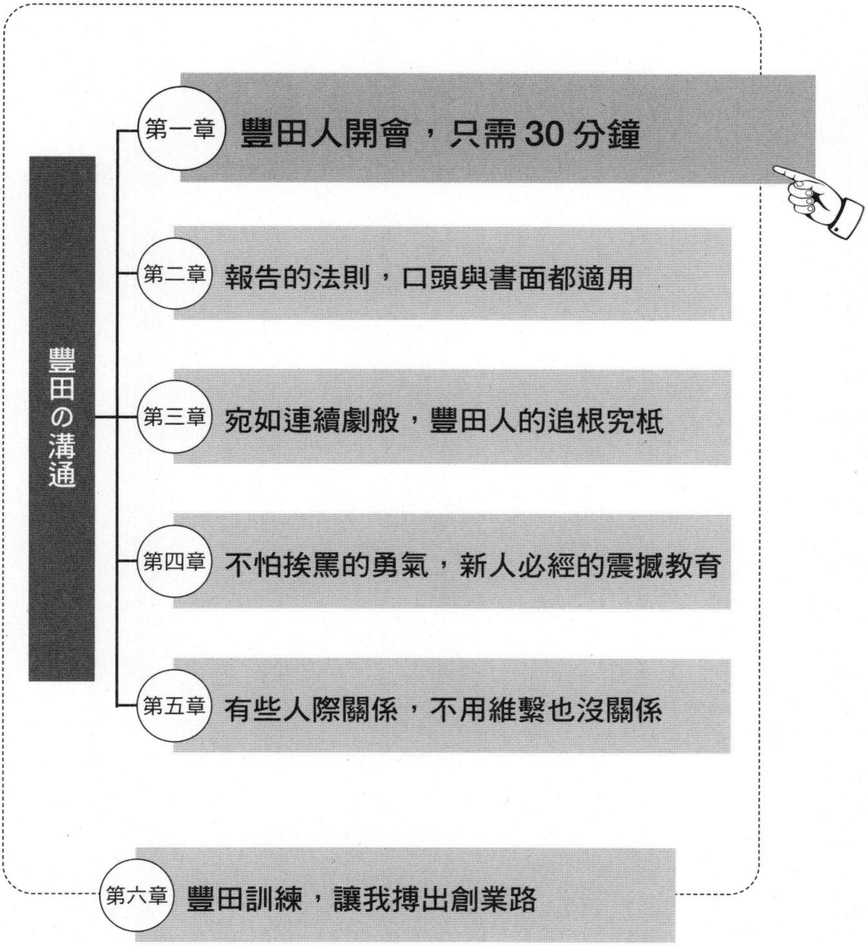
豐田の溝通
第一章
豐田人開會，只需 30 分鐘
第二章
報告的法則，口頭與書面都適用
第三章
宛如連續劇般，豐田人的追根究柢
第四章
不怕挨罵的勇氣，新人必經的震撼教育
第五章
有些人際關係，不用維繫也沒關係
第六章
豐田訓練，讓我搏出創業路

01 會議時間減半，一年多兩個月工作日

說到我在豐田的工作經驗，開會時間可能是最麻煩的規定之一，因為主管動不動就提醒：「**開會不准超過三十分鐘。**」

一般企業大多將會議或商討規定在一個小時左右。但事實上，**大多數的會議都可以在三十分鐘內搞定**。然而，當會議時程設定為一個小時，就容易讓與會者先入為主以為，非要花一個小時才能討論完。如此一來，即使只需要三十分鐘就能結束的會議，也會花上一個小時。

如此一來，剩下的三十分鐘就是浪費大家的時間。

三十分鐘說長不長、說短不短，搭新幹線的話，可以從名古屋到京都跑

一趟。三十分鐘也大概夠寫兩、三頁企劃案，或者回覆客戶的電子郵件。

開會所浪費的時間雖然看似不多，不過一年累積下來也挺嚇人的。

會議時間減半，一年多六分之一工時

口說無憑，讓我們實際試算看看。

以公司主管為例，一天開兩、三個會也算稀鬆平常。一年的上班日大約兩百四十天，假設其中的一半（一百二十天），一天開兩次會，剩下的一百二十天，一天開三次會，依此計算的話，一年算下來就是六百次會議。

三十分鐘乘以六百次，等於三百個小時。換句話說，如果每次開會都能節省三十分鐘，一年就可以多出三百個小時。一天工作八個小時的話，就是多出三十七．五個工作天，也就是將近兩個月的工作日，如此一來，就大幅提升可利用的工作時間。

只要將會議或者商議的時間，從一個小時降到三十分鐘，一年就可以多

出六分之一的工時。平白浪費時間，其實吃虧的是自己。

會議結束前，必須決定下次討論內容

為了節省寶貴的時間，除非是特殊狀況，否則豐田的主管總是再三叮嚀，開會或商議不得超過三十分鐘。如此一來，開會的人都知道時間有限，就不會跑題、浪費時間。會議一開始就能夠直奔主題，進入實質討論的環節。

當然，也有因為討論過於熱烈，而超過既定的三十分鐘。這個時候，也不會馬拉松似的繼續開會下去，而是根據需要，延長會議時間。

不過，再怎麼延長也不超過三十分鐘。實在沒有定論，就挪到下一個會議繼續討論。

考慮到會議可能會超過既定時間，豐田的會議時程從不一個接著一個，中間至少間隔三十分鐘。

除此之外，為了確保會議能在三十分鐘內開完，事前準備也不可或缺。

首先，召集人要**發布會議通知，說明「主題」（Agenda），讓與會人員清楚開會的討論內容**。同時，會議主題不能過於模糊，必須具體清晰。

如果與會者不清楚開會目的或討論主題，他們會在開會前追著召集人問：「今天開會的主題是什麼？」即使當事人不問，主管也會緊盯不放，所以，清楚告知會議主題便成為開會的必備條件之一。

在豐田，**會議召集人需要做的，就是發布會議通知與明確告知主題**。換句話說，就是無須向其他公司那樣，事先準備一大堆相關資料。

會議主題通知後，準備資料反倒是與會人員的工作。每個人根據召集人發布的主題，各自準備可能會用到的情報或資料，以便討論。

當然，召集人也不是發完通知就沒事做。事實上，幾乎所有的會議或者商議，大多和先前的工作相關。因此，召集人必須梳理出其中的關聯性，決定下一次開會的討論內容。

在下一次開會時，與會人員便能從上一次會議結果交換資訊，接著馬上進入腦力激盪或交換意見的階段。

為了維持提高會議效率，豐田有一個不成文的規定，就是開會或商談的最後，必須決定下一次的討論內容。

總結而言，豐田內部的任何開會或者商議，都遵循下頁圖表的原則，啟動良性循環。

透過規律化與系統化，讓豐田的開會或商討總是不浪費一分一秒，而能迅速的交換意見或腦力激盪。

豐田の溝通

- ☑ 每次會議節省三十分鐘，就能多出兩個月工時。
- ☑ 會議時程預留空檔，超時就能快速應變。
- ☑ 任何會談結束前，必須決定下次討論內容。

■ 會議設定規則案例

→召集單位通知開會主題（事前聯絡）

會議①

【開頭】確認與分享上次開會後的狀況變化

▼

立即進入正題

▼

【收尾】決定「下次討論內容」作為總結

開會以 30 分鐘為原則
（可追加 30 分鐘）

→因應情況將白板的內容做成會議記錄
（事後發送／後述）

下次
開會議題

開會預定時間
間隔 30 分鐘以上

→召集單位通知開會主題（事前聯絡）

會議②

【開頭】確認與分享上次開會後的狀況變化

▼

立即進入正題

▼

【收尾】決定「下次討論內容」作為總結

開會以 30 分鐘為原則
（可追加 30 分鐘）

→因應情況將白板的內容做成會議紀錄
（事後發送／後述）

下次
開會議題

02 在豐田，沒有例會這件事

豐田有一個其他企業看不到的特色，那就是沒有例會。

大多數的日本企業都有例會，每次遇上總讓我搖頭感嘆：「唉，哪來那麼多話，值得浪費大家的時間……。」而且，這些例會至少都要花一個小時以上，嘮嘮叨叨討論個沒完。

不過，即使像這樣浪費時間，還是領得到該有的薪資，就這一點來說，還挺幸福的不是嗎？問題是企業所面臨的環境多變詭譎，小確幸也不可能永遠持續。

我成為企管顧問後，參加過大大小小企業的例會。大多數的例會不是確認一下當月業績，就是聽主管訓話或東南西北閒聊。唯一缺乏的，就是建設性的討論。

我想不少參加會議的人，想法也都跟我一樣。因為大家都是兩眼無神，也不翻看會議的資料，有些人甚至閉目養神（或者找周公去了）。

話說回來，外資或創投（按：Venture Capital，簡稱VC。以股權交換為條件，將募集到的資金，投資於未上市但有成長潛力的小型公司，或處於初期發展階段的公司）企業幾乎沒有例會習慣。

豐田汽車在國際市場上，面對其他外國企業的激烈競爭，**除了特殊狀況以外，從不召開類似例會的定期會議。需要內部溝通的話，就適時開會討論，不過同樣限定三十分鐘。**

退一萬步說，假設豐田裡有人異想天開，想召開例會，不是被主管釘，就是沒有人參加。所以，沒有人會無聊到自找麻煩。

主管與部屬不得參加同一場會議

關於開會或商議，豐田也有一條不成文規定，是其他企業無法想像的。例如，**主管與部屬不得參加同一場會議**。我在豐田上班時，認為這是理所當然，後來才知道「這真是特別的規定」。

不過，再怎麼說這也不過是「基本原則」，如果會議的層級較高或較為重要，就不在此限。然而，如果只是一般的會議，每個部門只要派出一位代表出席就足夠。

主管與部屬既不是親子關係，更不是部屬的監護人。不論是主管或部屬，既然都領公司薪水，就應該能獨當一面，所以才衍生「開會一個人出席即可」的工作習慣與作風。

即便新人都受過培訓與研習，但突然讓他們獨自參加會議，難免搞不清楚狀況、錯誤百出，少不了被主管教訓一頓。即便如此，豐田為了激發員工的責任感與專業性，仍然放手讓雛鳥單飛。如果遇到問題，就在會後跟主管請示及討論。

這種做法無非是為了激發新人的工作意識。換句話說，用一種殘酷的方式教導他們「**出來混，什麼都得自己來**」。

話雖如此，但對於那些不習慣放權的主管來說，豐田這種做法總是讓人覺得擔心。因為主管無法放心讓部屬自己參加會議，即便主管放手，召集人往往也會要求主管陪同出席。這就是大多數企業的現實。

然而，豐田卻反其道而行，規定主管不得與部屬一起參加會議。**換句話說，就是強迫主管專心於自己的業務，並善用時間處理其他工作**。

如果你的公司習慣主管與部屬一起參加會議，應該考慮改掉這個陋習。大家又不是男女朋友，還是各自行動比較好。不懂得放手的親鳥，雛鳥永遠不知道該怎麼飛，這才是主管與部屬的關係。

更何況，不過就只是開會而已。如果部屬的報告寫得零零落落，只要好好批改就好。過去的職場習慣手把手的教，但隨著時代演變，放手讓部屬自己去飛，或許會是今後的模式。

除此之外，只要主管懂得放權，當他分身乏術時，也能夠根據部屬的業務範圍，指派適合的部屬去開會。

懂不懂得放權，足以看出一位主管的工作效益。

豐田精神，一秒也不能浪費

我擔任企管顧問時，時常建議客戶參照豐田的做法，改變既有的會議模式。遺憾的是，規模越大的企業越不容易接受，總是反駁：「只有三十分鐘還開什麼會？」或者懷疑我隨便說說，呼攏他們。

但是，一些希望儘早上市的創投或新創（Startup）企業對於我的提議，卻是舉雙手贊成的表示：「太好了，如此一來開會就更有效率，不用浪費時間。」因為對這些新興企業來說，時間就是金錢，這一點與豐田汽車的經營理念可說是不謀而合。

賺錢與否從來不是豐田的終極目標，反倒不如時間控管來得重要。我在豐田時，主管與前輩每天都叨念：「**抓緊開會時間，每一分鐘都不能浪費。**」聽得我耳朵長繭。

這就是我所知道的豐田特有會議模式。「創投文化」正是豐田的特色之一，非常值得參考與借鏡。

豐田の溝通

- ☑ 杜絕所有缺乏建設性討論的例會。
- ☑ 會議由業務負責人獨自參加，主管不得隨同出席。
- ☑ 主管懂得授權，部屬才能獨當一面。

03
白板內容，直接轉檔成會議紀錄

職場上，有時必須留下會議紀錄。根據我在豐田這幾年的經驗，遇到這種情況，總是**將白板上的內容，直接當成會議紀錄**。

事實上，電子白板可是豐田會議中不可或缺的要件：利用電子白板的功能，將白板上的字直接列印下來，或者儲存成電子檔。當然，利用智慧型手機翻拍也是不錯的辦法。不過，豐田為了預防企業機密外洩，一切配置照相功能的智慧型手機或筆記型電腦等，都不得帶進辦公室內。因此，可列印及存檔的電子白板，便成為豐田內部必備的工具。

會議紀錄除非有指定專人負責，一般說來是召集人包辦。於是，召集人一邊主持會議，一邊將討論的內容寫在白板上。會議結束後，召集人將白板的內容列印下來，掃描後轉換成 PDF 格式當成會議紀錄，再透過電子郵件傳送給與會人員，才算結束會議（這是我還在豐田時的做法，現在的電子白板機能性更高，可以將白板的內容轉換成檔案直接傳輸）。

透過電子白板的轉檔功能，與會人員可以第一時間的呈報會議紀錄，或者列印下來作為部門內部討論之用。這種方式，我還沒看過豐田內部有人不配合或抱怨的。

總而言之，豐田汽車並不時興日本企業的那一套會議流程——也就是事先決定會議記錄人，由他整理與會人員的發言，再一字一字輸入電腦、彙整成會議紀錄。

直白的說，豐田並非特立獨行，只不過誰也沒有閒工夫，做缺乏效益的工作。

我離開豐田以後，也曾在外商公司任職。我發現規模越大的企業，會議紀錄常常越鉅細靡遺。

民間企業的性質與公家機關不同，會議紀錄並不具有法律效用。所以，我總覺得白板寫下的內容直接當成會議紀錄也無不可，甚至值得推廣。

在這個分秒必爭的時代，**需要的不是花時間整理出一張漂亮乾淨的會議紀錄，而是用最快的速度達成資訊共享。**

所有問題，用一張A4紙就能搞定

為了善用白板的功能，我在豐田任職時，就學會掌握必要的議題，將討論的內容控制在一面白板的大小，或者立即將重點彙整在白板上。

我將這個彙整能力取了一個名稱，叫做「即時摘要力」。其實，這項作業並不簡單，召集人（或會議記錄人）必須全神貫注、發揮腦力。

我還記得剛進入豐田時，有次看到主管「刷刷刷」的在白板上，俐落彙整討論內容，讓我體會到即時摘要力的魅力。老實說，技術部門主管階級大多一臉嚴肅，既不年輕也不帥。然而，那位主管散發出來的氣勢真的是帥呆了。

除此之外，**為了提高工作效率，快速有效的討論問題，「問題解決法」成為公司內部的共同語言與必要知識**，這也是豐田的強項之一。

例如遇到某個瓶頸或問題時，首先找出引發問題的「真正原因」，研擬「暫定對策」與「永久對策」後，再決定如何實施，讓PDCA循環快速運轉。或者利用各種實證找出問題，分析發生的主因、擬定解決對策、討論不同的對策各有什麼優缺點。接著，選定解決對策後，分配職責歸屬，將人、時、地規定得一清二楚，會議才算結束。

豐田特有的問題解決法看起來簡單，要是認真解釋起來，恐怕一本書都寫不完。顧及篇幅有限，本書暫且略過不述。另外，就我所知，也有其他外資企顧問公司曾推行類似的手法，因此問題解決法的起源不得而知。

這就是所謂的「豐田問題解決與分析方法」（Toyota Business Practices，簡稱TBP），是新人都必須上的一堂課。TBP很難用三言兩語解釋清楚，但第五十二頁至第五十三頁的「白板彙整法」，或許可以提供你參考。可別小看這麼一塊白板，我可是練了又練，才得到一身即時彙整的真工夫。本書就以白板彙整法作為 TBP 的應用案例，希望有助於各位參考。

另外，提起豐田，A3 報表也挺有名氣的。

之所以有如此美麗的誤解，或許是淺田卓幫忙宣傳的效果。他的那本《在 TOYOTA 學到的只要「紙一張」的超實踐整理技術》太過暢銷，以至於引起大家過度的聯想。

事實上，就我在豐田任職的經驗來說，還真的不是這麼一回事。因為 A3 紙只有晉升考試時才派得上用場，日常業務的資料與會議紀錄根本用不上。

話說回來，紙張大小從來不是資料彙整的重點。如何用一張紙總結「問題解決法」的精髓，才是豐田無人能及的價值。相反的，如果大小事情都得整理成一張 A3 報告，遞交給主管的話，絕對會換來一句：「你是吃飽沒事幹嗎？」因為豐田，就是一個注重時間與效率的組織。

「豐田以一張 A3 紙搞定一切」，簡直像是印記一般，烙印在許多人腦海裡。在此我想澄清，這純粹是美麗的誤解，希望大家不要以訛傳訛。

【3. 檢討因應對策】

原因A　（雖非情緒問題）無法入睡

<table>
<tr><th>方案</th><th colspan="5">行程</th></tr>
<tr><td>①精油療法</td><td>查詢→
· 上網查詢
· 訂購書籍
· 打聽口碑</td><td>訂購、配送→</td><td>評估→
· 試用兩種精油</td><td rowspan="3">兩週評估</td><td rowspan="3">檢討時間</td></tr>
<tr><td>②伸展操</td><td colspan="3">立即實施→</td></tr>
<tr><td>③療癒音樂
（採購必要器具）</td><td>查詢→
· 上網查詢</td><td>訂購、配送→</td><td>評估→
· 比較幾款音樂</td></tr>
</table>

原因B　枕頭老舊，無法入睡

<table>
<tr><th>方案</th><th colspan="5">行程</th></tr>
<tr><td>④更換睡枕
（可調整硬度）</td><td>查詢→
· 上網查詢
· 打聽風評與口碑</td><td>訂購、配送→</td><td>評估→
· 調整顆粒與硬度</td><td>兩週評估</td><td>檢討時間</td></tr>
</table>

原因C　晨光刺目，影響睡眠

<table>
<tr><th>方案</th><th colspan="3">行程</th></tr>
<tr><td>⑤更換遮光度較高的窗簾</td><td>觀察→
並非失眠的主要原因，加上費用較高，先評估①～④的方案以後再考慮是否更換</td><td>兩週評估</td><td>檢討時間</td></tr>
</table>

【4. 下次討論內容】

兩週後各自提出評估結果與討論

- 效果顯著，持續實施。
- 若成效不彰，則尋求其他方案，重新測試。

■ 豐田溝通的白板彙整範例

【1. 腦力激盪】

（例如）最近工作總是精神不濟

↓ Why?

淺眠　……問題所在

【2. 分析主因】

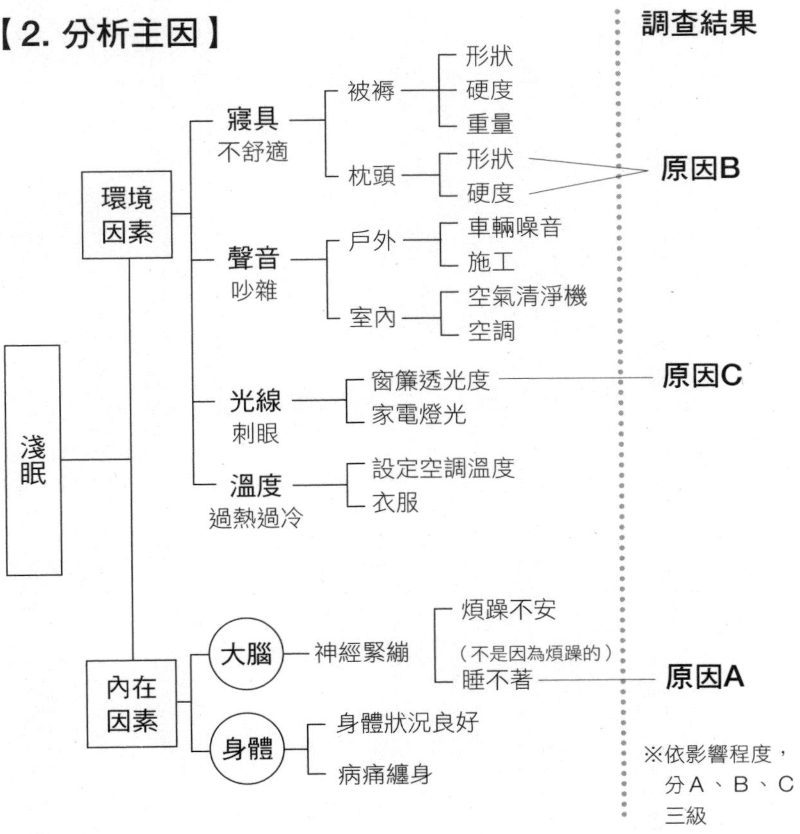

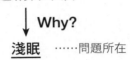

豐田の溝通

- ☑ 善用電子白板列印或手機拍照存檔，節省做會議紀錄的時間。
- ☑ 問題解決法與白板彙整法相輔相成，才能發揮最大效益。
- ☑ 資料彙整不拘泥於紙張大小，而是內容的精準與否。

04

豐田人不亂聊，有固定的會議開場白

豐田的會議必定以「下一次的討論內容」作為總結。因此，任何一場會議都無須浪費時間，重述上次的決議事項，可以直接進入主題。

話雖如此，但與會人員的狀況畢竟各自不同。如果會議的間隔時間不長，例如昨天的會議接著今天中午召開的話，大家都還印象深刻。但如果中間隔了週末或連續假期，不論是誰都難免會懈怠。有時忙過頭，搞不清楚上一次開會的決議事項也是常態。

因此，**在開會或商談前，有所謂的「關鍵五秒鐘」。也就是在進入正題以前，召集人要利用五秒鐘觀察與會人員的神情、姿態及整體氛圍，確認會議**

如何開場。

關鍵五秒，與其說是內部的規矩，倒不如說是為了配合豐田的會議，自然而然養成的習慣。

如果與會人員的戰鬥力十足、狀況絕佳的話，一定抬頭挺胸，兩眼直視召集人，總而言之，就是全身上下繃緊神經。此時，無需特別暖場，直接討論反而更能激發士氣，不浪費一絲一毫時間。

然而，人總有情緒，不可能隨時精神抖擻。

開會前簡單回顧或閒聊，提升士氣

因此，利用短短五秒觀察與會人員的氛圍，便成為開會成敗的關鍵。比方說，發現有誰開始神遊，便招呼一聲：「大家還記得上次的決議嗎？」或是：「我們先複習上一次的開會內容吧。」接著，**簡短重述上次的會議內容，提振大家的士氣**。關鍵五秒稱得上豐田開會的技法之一，不論是主管、前輩，甚至我自己都常常利用。

當然，所謂的「複習」並不是花上幾十分鐘細說從頭，而是以簡單的兩三句話，重述上次的結論與今天討論的主題，時間不超過三十秒。例如：「各位請看一下手上的資料一，那就是上次討論的□□。今天我們討論的主題是○○。」簡單開場後便進入主題。

順便一提，如果當天會議是第一次討論某個議題，或與會人員都充分掌握上一次的會議內容的話，有時也會閒聊兩句暖身。雖說是閒聊，其實也就是幾十秒而已。

我想「閒聊幾句再進入正題」的做法，或許更符合人性。如何應用與拿捏，全憑當場狀況而定。

學會用五秒鐘，看穿一個人的底細

前面所介紹的「關鍵五秒」，除了會議以外，也適用於其他場合，例如與其他公司的生意往來。

我還記得主管曾對我說：「你必須學會用五秒鐘，看穿一個人的底細。」這句話並非是單看外貌，而是根據對方的穿著打扮、表情、動作、眼神、聲量、氛圍，甚至遞出名片的方式等，來判斷這個人。換句話說，主管教我的職場生存法則，是分析對方的本事。

從心理學角度來說，外表最容易看出一個人的狀態。例如華麗的首飾、名錶，或者外表突出的特徵，在在展現一個人承受的壓力或內心的欲望。比方說商業場合上，那些喜歡戴著百萬鑽錶的人，其實都是缺乏自信，必須靠身外之物為自己「壯膽」。

交換名片時，觀察對方是否正眼直視自己，或只是緊盯著名片猛瞧，也能察覺出對方緊張與否。

我在電視臺工作時，經常有機會與藝人或名流認識。這些人從不含糊，打招呼時總是認真看著我的臉。藝能界很少交換名片，有些人便會直視我的眼睛，誠懇的握手寒暄。跟這種氣場強大的人在一起，不知不覺會跟隨他們的步調走。

這個經驗告訴我，**只要懂得掌握對方的心理狀態，遇到氣勢較弱的對手，便有機會強勢的主導局勢**。

不論這套察言觀色的識人術有效與否，**對於在商場打滾的人來說，懂得觀察對手的性格與心理狀態，是基本條件**。你也不妨以市場調查的心態，學習如何觀察他人。

離開豐田以後，這個觀察對手的習慣，對我來說當真是助益頗大。

豐田の溝通

- ☑ 利用五秒鐘，決定會議或商談如何開場。
- ☑ 與會人員士氣高昂，直接進入正題；精神渙散時，則閒聊暖場。
- ☑ 五秒識人術，看清對手底細，主導局勢。

05

不准做筆記，大家反而專心聽

開會或商議時，應該有不少人習慣認真做筆記。因為，如果不抄寫筆記的話，怎麼看得出「態度認真」？有時，甚至還會因此被主管責罵。

問題是，這些筆記事後誰還拿來重看呢？我認為幾乎沒有。很多人只是做做樣子，最後都把筆記本丟在抽屜深處。

打個誇張一點的比喻。聯誼時，如果對方一邊跟你聊天，一邊拿小本子寫：「〇小姐（或先生）平時愛看電影，特別是《穿著 Prada 的惡魔》，看了三遍……」你覺得如何？

如果妳是女生，遇到這種男生大概能躲多遠就躲多遠；如果你是男生，應該也會打退堂鼓：「這個女孩子不是我的菜。」

總而言之，在私人聚會的場合，正經八百的做筆記絕對會被當成怪胎。然而，職場上就不同了。工作時做個筆記，看起來合情合理。但是，**就人與人溝通的觀點而言，雙方相談甚歡時，拿筆低頭猛抄其實違反常情**。

明明對方就在眼前，卻緊盯著手上的筆記本，或者拿支筆在紙上寫個不停，看也不看對方一眼。我們必須注意，這些行為或許出於無心，但給人的印象就是不把對方說的話放在心上，有時還可能因此惹怒對方。

無論是會議或商談，都是一群人聚在一起，面對面的進行。當某個人正在發言時，你卻一味的低著頭做筆記，不僅失禮，更可能讓對方誤會自己的言論可有可無，不受重視。

因此，與其猛寫筆記，倒不如直視對方，觀察他們的表情或肢體動作等非語言（Non-Verbal）的資訊，將對方說的一字一句深深記在腦海裡。如此才能**避免溝通上的落差**，**並促進雙方相互理解**。

基於上述理由，我在豐田研發部時，有一個不成文的規定：若非特殊理由，**開會或商談都不准做筆記**。

有時拿起筆想記點什麼，肯定被罵：「沒看到別人在說話嗎？寫什麼寫！」或許你會覺得不可思議，不過基本上，豐田就是不流行這一套。

然而，不做筆記並非員工手冊上的明文規定，也許有些部門鼓勵員工勤做筆記也不一定。但就我個人的經驗來說，「開會時不做筆記」應該是不少部門的默契。話雖如此，但可能還是有些人，因為不喜歡或不擅長發表意見，便拚命的寫字當擋箭牌。

專心聽，不用寫也能記住

即便如此，難免有人擔心：「我記性就是不好，不做筆記怎麼行？」

我打個比方，喜歡漫才（按：日本一種喜劇表演形式，類似相聲）的人，必定會守在電視機前，準時收看朝日電視臺的「M-1大賽」（按：為日本藝能公司吉本興業主辦的漫才比賽，取「漫才」〔Manzai〕的開頭字M，比照一級方程式賽車之 F1，命名為M-1）。這時候，難道還要一邊哈哈大笑，一邊拿支筆將自己喜歡的題材一一記錄下來？

有時聽到經典名句或拍案叫絕的對白，或許值得記上幾筆，以後還可以細細玩味。但一般說來，那些裝傻與吐槽的內容不太可能聽過即忘。

同理可證，日常會話中只要是能引起關注的話題，當然讓人印象深刻，又何須抄寫下來才安心？

基本上，只要溝通無礙，自己說了什麼、聽了什麼無須用紙筆記下，也能記得一清二楚。只不過，對於沒有興趣的事情，聽了卻記不得，漸漸遺忘也很正常。

如果會議或商談的內容不是自己感興趣的範疇，但又因為工作而必須記住的話，不妨在會議結束後，用張便條記下重點或數據。但開會或商談時，還是應該全神貫注的看著對方聆聽，以示尊重。

反過來說，如果對方的發言能引起自己興趣，或者於公於私都有助益的話，不用寫下來也能自然而然的刻印在腦海裡。這時，抄寫筆記反而會分散注意力，倒不如全神貫注的聆聽，更能發揮效益。

除此之外，人腦比不上電腦，很難清楚記得每一件事。如果談話中出現一大堆數字，拿筆記錄一下也不為過。但話說回來，討論中出現大量數據時，大多會有資料作為參考，當場記錄的必要性還是微乎其微。

開會或商談的時候，與其將時間花費在抄抄寫寫上，倒不如**集中精神、關注對方，盡可能多接收一點資訊**。總而言之，就是發揮追根究柢的精神，不時反思及發問：「為什麼？」察覺對方發言的真正意圖。

如此一來，不僅能夠挖掘出更深一層的情報或見識，還比在紙上抄抄寫寫更能留下深刻印象。

由此可知，筆記本的功能只是為了幫助我們「整理思維」。例如，曾經名列暢銷排行榜的《筆記的魔力》，書中也明白闡述所謂筆記不是抄抄寫寫，而是整理心得。這個觀點值得我們參考與反思。

對於習慣在開會或商議中做筆記的人而言，要他們放棄抄抄寫寫，直盯著對方瞧，或許有點困難。然而，人生總有第一次，倒不如抱著姑且一試的心情自我挑戰。

一旦跨過自己心裡的那道門檻，必定會發自內心感慨：「以前我為什麼都得寫下來……簡直就是浪費時間！」

抱著電腦猛敲也是禁忌！

開會或商議中，抄抄寫寫既然是豐田的禁忌，抱著筆記型電腦猛敲更不用說了。

不過，為了避免公司機密外洩，豐田嚴禁員工帶著筆記型電腦走來走去，也不准拿便條紙記錄。因此，如果有誰敢在開會時抱著筆電作業，肯定會遭主管或同事的白眼。

近年來，日本出現一種「敲打族」。這些人習慣在電腦上敲敲打打，卻看不出絲毫工作效益。與其抱著電腦敲打、做筆記，倒不如直視對方的雙眼與表情、仔細聆聽，讓大腦發揮硬碟般的功能，記錄接收到的資訊。

豐田の溝通

- ☑ 直視對方、專心聆聽，才是溝通的王道。
- ☑ 不做筆記，是豐田人開會的默契。
- ☑ 會談中全神貫注、接收資訊，重要數據可事後抄錄。

第二章

報告的法則，口頭與書面都適用

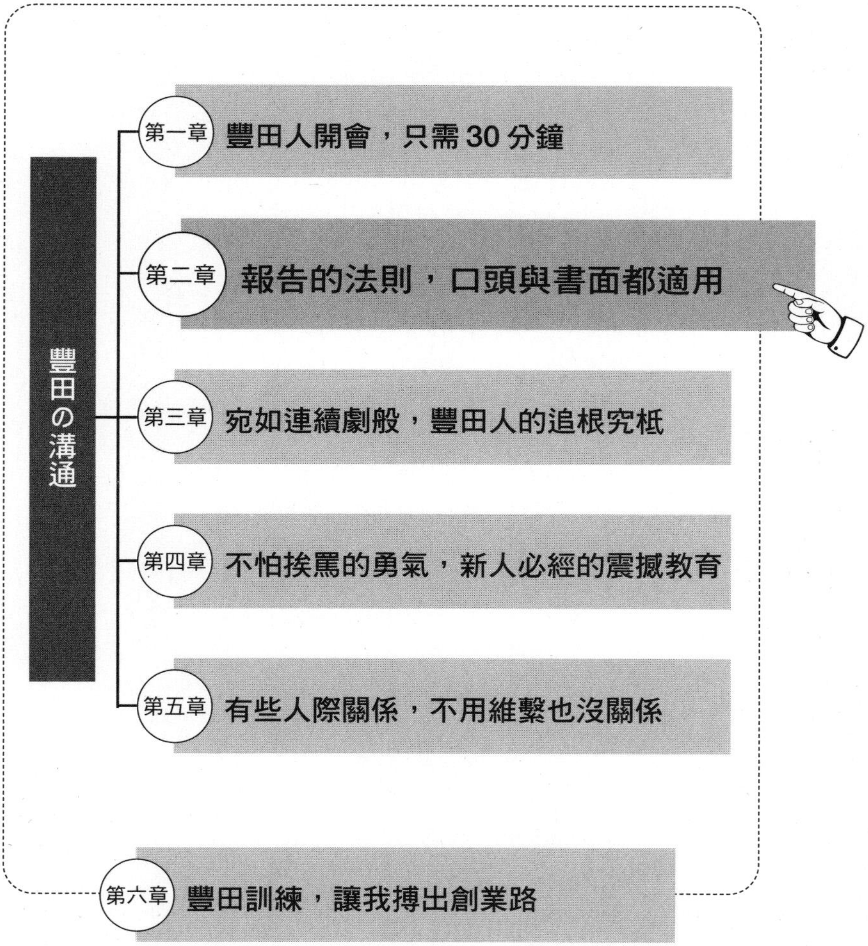
豐田の溝通
第一章 豐田人開會，只需30分鐘
第二章 報告的法則，口頭與書面都適用
第三章 宛如連續劇般，豐田人的追根究柢
第四章 不怕挨罵的勇氣，新人必經的震撼教育
第五章 有些人際關係，不用維繫也沒關係
第六章 豐田訓練，讓我搏出創業路

06

一分鐘報告法，主管再忙都會說有空

我在豐田任職時，只要涉及車款設計或系統測試之類的圖樣，即使只是些微變更，也必須向上呈報。

面對變化如此快速的時代，這種做法或許過於瑣碎。但是，豐田身為汽車製造廠，每一個設計環節都關乎客戶的人身安全，因此呈報與簽核流程必須統一與嚴謹。因此，有許多日常業務需要向主管報告。

問題是，我們很忙，主管更是分身乏術，撥不出時間逐一聽我們匯報。如果每當部屬需要請示，主管便耐心花時間聽我們解釋的話，原本已經堆積如山的工作只會越積越多。

因此，遇到部屬請示時，主管總是會說：「總結成一張報告，再拿來給我看。」豐田人之所以能駕輕就熟撰寫報告，就是這樣養成的。

除此之外，所謂「一張」報告，指的是A4大小，而不是外界印象裡的A3紙。

部屬依照主管的指示（或者事先準備），**將要呈報的內容，簡潔整理成一張A4大小的報告，抓住主管的空檔，上前詢問：「經理，方便借用您一分鐘嗎？」**

除非特殊狀況，通常主管都不會不近人情的拒絕。順帶一提，這個「方便借用您一分鐘嗎？」的說法，可是世界通用的談話技巧，我攻讀研究所時，也常對外國教授這麼說。

主管同意後，部屬就將事先準備的資料遞上去：「關於○○專案，我打算這麼進行，您覺得如何？」接著，主管用一分鐘的時間確認報告內容，並下達指示。

只要呈報的資料能掌握住重點，基本上主管都會當場裁示，即使主管對報告內容有什麼疑慮，也只會問一、兩句，並根據部屬的回答，指示下一步該怎麼做。

主管想知道的，不只是結論

問題是，資料該怎麼彙整，才能讓主管快速簽核呢？接下來，讓我舉個例子說明。

例如，某個車型出現噪音問題，研發團隊的山本提出A、B兩個解決方案。經過各項調查、測試與相關部門討論後，山本研判方案B比較合適，於是，根據豐田的規定，遞交報告呈請主管簽核。

這個時候，該如何彙整，才能讓方案B更順利過關呢？

主管業務繁忙，當我們抓緊他的空檔，詢問：「能占用您一分鐘嗎？」時，表示遞交的資料必須輕薄精簡，能在一分鐘內閱讀。其中訣竅不外乎掌握以下重點。

①主旨

即便時間有限，**任何報告都應該在一開頭先「說明原委」，而不是本末倒置的從結論說起**。換句話說，就是直切主題。

不少人主張「報告必須從結論說起」。事實上，**對主管來說，他們想知道的並不是我們心目中的結論，而是報告的主軸**。因此，呈報的資料應該以主管想知道的內容為重。

以山本為例，報告的主旨就是「〇〇車型噪音解決方案」。

②請示

其次，根據①的主旨，說明「自己請示的需求或答案」。換句話說，就是**請示的重點**。對業務繁忙的主管來說，單刀直入的請示，反而很快就能得出結果，不浪費彼此的時間。

例如，可以寫「方案A與B之裁示」。

③結論

介紹完①與②之後，才提出所謂的「結論」。換句話說，將自己是怎麼想的，或者做了哪些努力，當成壓箱寶。

例如，以「討論結果顯示，方案B之成效更為顯著，故此呈請變更設計」作為總結。

④佐證

最後是列出佐證，說明結論③的可行性。這個環節以**條列式為宜，並控制在三項以內，以便主管一目瞭然**。

⑤補充事項

基本上，①~④只要抓準大方向即可。需要另行說明的話，可以在報告的最後，加上條列式的「補充事項」。

書寫格式請參閱左頁圖示。

除此之外，**謹守例文中的順序，並確保文字敘述簡潔明瞭，盡可能避免複雜的專業術語**，也極其重要。

口頭報告，也可以這樣說

掌握報告的重點，只要簡簡單單的一張紙，就能獲得主管簽核。

事實上，我離開豐田，轉職到TBS和埃森哲之後，這個報告的彙整格式，也經常讓我獲得主管與客戶的好評。當然，我獨立門戶從事企管顧問業後，也從未忘過這項技能。

特別是我在提供諮詢服務時，深刻體會「傳達能力」幾乎是各個業界的瓶頸。我認為，只要懂得如何簡單扼要的彙整資料，就能夠解決部分問題。

此外，**前文所介紹的資料彙整順序，也適用於口頭報告**，希望各位舉一反三、靈活應用。

■ 一分鐘搞定的資料彙整法

報告人：山本 202X/XX/XX

○○車款行駛噪音之解決方案

① 主旨

請示內容：方案 A 與 B 之裁示

② 請示

結論：結果顯示，方案B之成效更為顯著，故此呈請變更設計。

③ 結論

結論之佐證：

④ 佐證

- **方案A的評估結果**

噪音降低 XXdB（現況：XXdB→方案A導入分貝：XXdB）

- **方案B的評估結果**

噪音降低 XXdB（現況：XXdB→方案B導入分貝：XXdB）

- **方案B之噪音為XX dB，改善成果明顯優於方案A。**

補充事項：

- 本報告經內裝設計部小林與品管部本田共同會勘。
- 方案A通過評估標準。
- 方案A之設計變更成本與導入期間，請參閱先前資料，若有疑問隨時賜教。
- XX方案之進度不如預期，尚需兩週時間觀察。

⑤ 補充事項

①～④資訊的提供或意見交流

豐田の溝通

- ☑ 只要一張Ａ４，一分鐘就能搞定報告。
- ☑ 嚴守「主旨↓請示↓結論↓佐證↓補充資料」的報告順序。
- ☑ 口頭報告同樣適用。

07 簡報大忌：自以為是的賣弄專業

會議或簡報時，你有沒有自說自話的毛病？自以為講得很精彩，但其他人卻聽得一頭霧水？

其實，人一旦聽不懂對方在說什麼時，大腦就會停止運作，進入思考停滯的狀態。例如簡報時，明明可以用中文說明，卻偏偏要夾雜幾句英文，很容易讓大家頭昏腦脹、聽不下去。

雖然我無意說教，不過這種唱獨角戲的簡報，絕對不值得模仿。

因為**簡報的目的，是為分享資訊、推動業務，而不是自我滿足的舞臺表演**。如果有誰敢在豐田做這種簡報的話，可能說沒兩句就會被轟下臺：「你說些什麼鬼東西，下來！」豐田就是這麼一個講求效率的公司。這一點或許與其他企業的作風迥然不同。

姑且先不論自說自話的問題，當簡報中出現任何艱澀難懂的詞彙，難免影響與會者的情緒，因此接下來再怎麼賣力做簡報，也只會落得左耳進右耳出的後果。更何況，**與會者的專業水平不見得一致，所以簡報內容應該盡可能的平易近人**。

即便因為業務所需，不得不使用專業術語的場合，我也必定在投影片加上注釋，補充說明。

即使是同一家公司，各個部門都有自己的專業領域。以為是基本常識的術語，其他部門的人卻一頭霧水，也是常有的事。因此，**簡報時若有其他部門參加，最好改變說法，或適時加以說明**，如此便不會出現唱獨角戲的窘境。

簡報的基礎，是避免不必要的專業術語或拗口的外文。除此之外，觀察與會者的反應、穩定人心，也是簡報的訣竅之一。

簡報的目標，無非是讓與會者知道簡報內容，以及能跟上報告進度。有時，與會者感到不安，是因為他們不清楚這場簡報「得花多少時間」或「到底是什麼內容」。只要消除這些不安的情緒，便能讓大家放鬆情緒，更深入理解簡報想要傳達的內容。

除此之外，也能**降低與會者因為無法理解，而半途離席的機率**。

總而言之，簡報時應掌握以下三大重點。

①不廢話，直接切入主題

說明主題，讓與會者清楚「簡報內容」。

利用投影片進行簡報時，不妨在第一張投影片，就條列出當天的主題。此處重點，以三大項為宜。

例如日本最受歡迎的長青動畫《海螺小姐》，片尾總是以「今天就到此為止，下一週說的是……」作為結尾，預告下一期的劇情。其實，簡報需要的就是這種效果。

換句話說，在簡報開頭便清楚表明：「今天的簡報內容是〇〇、□□與

△△」，讓與會者知道概況，就能安心聽下去。

②按照大綱講，不要跳著說

與會者對於當天簡報內容有基本了解後，接著，**根據開頭提示的大綱，按順序一一說明**。

簡報時切忌跳著項目說明，以免與會者無所適從。依大綱順序說明，是簡報的基本法則。

③重要的事要重複說

進入新的章節前，簡單複述前面的內容。

除此之外，時不時詢問：「以上的說明，**有任何疑問嗎？**」以防任何人因為聽不懂而中途離席。對於聽不明白的與會者，不妨透過簡短的問答，讓他們跟上進度。簡單的問題當場回覆，需要花時間解釋的問題，則留待會後統一說明。

如果簡報最後有預留問答時間，也應該事先告知，讓與會者有心理準備。簡報結束以後，快速重複當天的內容，確保與會者已理解，或需要進一步解釋等，才算大功告成。

只要掌握這三大重點，簡報就能夠取得共鳴，而不是自己唱獨角戲。**簡報的關鍵是時不時確認與會者的反應、注意小細節，就能圓滿收場。**

當然，即使再怎麼努力，也不可能每一場簡報都如自己預期，但無論如何，只要掌握這三個重點，就能降低失敗率。

在豐田，簡報技巧也是新進員工研習或OJT（在職訓練）的必修項目。老實說，我最怕在一大堆人面前做簡報，這一直是我在豐田的弱項。後來，經過慢慢磨練，才練就現在能在眾人面前侃侃而談的本事。

每個人都有自己擅長與不擅長的領域。就算簡報是你最弱的一環，只要掌握前面介紹的三大重點，絕對有辦法大幅提升自己的功力。希望我的建議能有助於你強化自己的簡報技巧。

豐田の溝通

☑ 避免夾雜拗口外文，專門術語添加註解。

☑ 直奔主題，讓與會者清楚簡報大綱。

☑ 隨時確認與會者反應，能加速取得理解與共鳴。

08
容易怯場？盯對方下巴、別看眼睛

我在豐田工作時，同事小山特別認真工作，而且待人熱誠。他這個人什麼都好，就是不擅長在大家面前說話，簡報更是他的致命傷。

跟總經理等公司高層開會，或是在一大群人面前做簡報，他總是緊張得兩手發抖。這麼容易緊張的人，當然很難做好簡報。

他也知道自己的毛病，問題是一遇到這種場合，他就是無法像平常那樣正常說話，常常說到一半，腦筋突然一片空白，支支吾吾不知道該說些什麼。

換句話說，就是缺乏職場的基本溝通技巧。

有一次，前輩找我和小山出去喝酒。當我們聊到小山的痛處時，前輩覺得必須想辦法解決小山的社交恐懼症，於是給他建議。

那就是**穩定自己的眼神，並保持平穩的語調**。

眼神代表內心的世界。說話時眼神飄來飄去，容易給人手足無措、緊張的印象。但話說回來，要有社交恐懼症的人直視別人，反而是一種壓力。

不要把焦點放在聽者反應

於是，前輩建議小山，**說話時盯著對方的下巴，而不是眼睛。如果對方是一大群人的話，就鎖定他們背後的牆壁，或牆上的時鐘**。

而在說話方面，**盡可能放低聲調、放慢語速**。

雖然前輩只給了這兩點建議，不過小山照做了以後，真的改善他一說話就緊張的毛病，同時漸漸抓住說話的技巧。幾年以後，他在大家面前也能夠侃侃而談，不輸於我當時的水準。

事實上，前輩當時的建議，我自己也受益不淺，到現在還是我職場上的法寶。試著照做後便能發現，**與其將注意力放在說話內容或聽者反應，倒不如控制自己的眼神與聲調，只要掌握這兩點，在眾人面前講話就不再緊張**，自然而然能夠發揮正常水準。

我在TBS電視臺時，有次剛巧遇到老牌歌手由紀沙織（按：日本女歌手，本名安田章子，一九六九年以〈黎明的吟唱〉創下百萬銷售量）接受採訪，題目是「唱歌的技巧」。這位歌壇的老前輩，聲音之悅耳當然沒得挑剔。重要的是，她對於眼神的控制，完全與豐田那位前輩說的一樣。

有時候，最簡單的辦法，才能終身受用。

豐田の溝通

- ☑ 眼神鎖定對方下巴或後方牆壁，輕鬆克服緊張。
- ☑ 放低聲調，保持語氣沉穩。
- ☑ 控制眼神與聲調，就能發揮正常水準。

09

老是零開口？別怪別人把你當空氣

你知道「聽八分說兩分」是什麼意思嗎？以職場來說，這就是開會的六字箴言。

雖然我不確定這句話現在是否管用，至少我在豐田任職時，因為某位董事將這句話視為座右銘，因此內部通知動不動就出現這句臺詞。

這句諺語是誰先提倡，雖然已不得而知，但如今回想起來，倒是挺像豐田的作風。

只聽不說，就是浪費時間

話說回來，何謂聽八分說兩分呢？商談或開會時，如果你從頭到尾不發一語，連「說兩分」都談不上，而是「零開口」，你在會議中的表現就是零。對於那些開會時，總是緊閉雙唇、**不肯開金口的人，同事私底下總是揶揄他們就像「空氣」**。

然而，開會時也不能一下子進階到「說八分」，否則，**就變成唱獨角戲，而不是雙向溝通**。特別是相關部門也參與開會的話，光顧著發表己見，難免錯失其他與會者寶貴的意見或資訊。

為了避免這樣的事態發生，會議中除了有什麼說什麼、適當闡述自己的意見以外，更應該認真聽取其他人的說法，才不枉費開會的時間與精力。

換句話說，開會時應該拿捏「聽」和「說」的比例，亦即**兩成的時間發表己見，八成的時間聆聽大家發言**，謹守「聽八分說兩分」的溝通準則。

一個人再怎麼英明，也不可能十項全能。有時候，其他人提供的資訊與創意分享，反而是一種刺激，能得到想不到的成果。

對我來說，「聽八分說兩分」代表**尊重對方，表現自己樂於傾聽不同意見，同時也要發表己見**。這才是這六字箴言的價值所在。

聽八分說兩分，可以說是豐田的會議準則。沒有人會白目到打斷別人的發言，也不會有人從頭到尾不說一句話，或是自己滔滔不絕講不停。只要是豐田的人都知道，該說話時發言、該聆聽時就停下來聽，才是解決問題的捷徑。

自從我獨立門戶，為企業提供諮詢服務後，參與過不少會議與商談，發現很少人遵守「聽八分說兩分」的準則。大家不是「只聽不說」、浪費大把時間，就是「多說少聽」，只顧著發表自己的看法。

事實上，只要遵循「聽八分說兩分」的準則，便能提高通溝效率，會議成效也能提升。

此外，**「聽八分說兩分」的準則不僅適用於會議，任何人際交流都派得上用場**。

豐田の溝通

☑ 會議全程保持沉默，就與空氣無異。

☑ 只顧著表達自己的想法，容易錯失寶貴資訊。

☑「聽八分說兩分」的準則，才是順暢且最佳的溝通方式。

10 一通電話能解決的事，不要寄電子郵件

「電子郵件」幾乎可以說是職場不可或缺的溝通工具，因此，我們更應該善加利用。

不過要注意的是，**電子郵件雖然可以作為業務來往憑證，但唯獨不適合有時效性的溝通。遇到需要即時討論或交換意見的時候，打一通電話反而更有效率。**

如果是合約等與法務相關的文件，應該透過電子郵件留底。但其他業務有沒有必要留下「證據」，倒是值得商榷。

說到底，所謂生意必須基於一定的互信基礎，才能有往有來。特別是新

興的創意產業，如果一開始，雙方就抱著防備心的話，根本沒有合作的可能。

然而，生意上的溝通，難免出現各說各話的情況。即便認知不同，但其實只要簡單幾句，便能解釋清楚。例如：「原來是這樣。不好意思，是我誤會了。可以將這個部分修改一下嗎？」像這樣，明明一通電話可以解決的事情，卻透過電子郵件聯絡，實在缺乏效率。

話說回來，因為不喜歡用電話溝通，寧可透過電子郵件或其他溝通管道的人，也不在少數。問題是，許多人的電子郵件總是寫得落落長，也超過商業禮儀的標準。

回想我還在豐田的那幾年時，電子郵件還真的是工作上的地雷。特別是那些工作嚴謹的老一代，劈頭就是一頓痛罵：「你是吃飽太閒嗎?打通電話問不就得了！」

再怎麼簡單的電子郵件，都得花上幾分鐘。更何況寄出以後，還得等對方確認，再發一封電郵回覆。其間的一來一往，可能都要耗上半天。相反的，只要有勇氣打擾對方，撥一通電話，同樣的事情往往只要幾分鐘便能搞定。

一通電話，快速搞定

想要提升工作的生產力，哪怕是一分一秒，都不容許浪費。近年來，因為電話來的不是時候，或為了接電話得放下手邊工作，讓不少意見領袖對電話聯絡相當感冒，直批簡直是「竊取對方的時間」。然而，我卻願意當一隻烏鴉，提醒大家正視電話溝通的重要性。

原因無他，因為電話溝通的速度更快、效益更高。

我們如果害怕擔負「竊取時間」的罪名，反而可能忽略工作效益，陷入辦事不力、成為「薪水小偷」的泥淖。

因此，**在顧及對方的同時，也不能忽略自己與公司的時間效益**。

隨著科技日新月異，現在電話已有來電顯示。遇到對方不方便接電話時，只要留下一封電郵或簡訊，例如：「適才聯絡不上，稍後再撥」或「有要事商量，煩請回電」即可。如此一來，既不失禮又面面俱到，不是嗎？

話說回來，工作上我最不能忍受的是，只是要碰面簡單討論兩句，確認時間與地點卻得靠電子郵件。如此簡單的事情，打通電話就能搞定，或用電子郵件簡單扼要的傳達：「關於○○，煩請撥冗來電商議」。相信不用三分鐘，便能決定碰面的地點與時間。

如果擔心用電話聯絡會弄錯細節，不妨在通話後加上一封電子郵件，提醒對方「○○時於○○恭候大駕」。如此一來，就可以減少無謂的信件往來，同時簡捷快速的達成目標。

此外，**發送電子郵件時，開頭的問候語最好能省則省，甚至略過不提。**因為電子郵件應該是講究時效的聯絡工具，而不是八股文似的講究格式。

不要猶豫，打電話吧！

接下來，讓我再舉一個例子說明。

例如，利用谷歌的語音輸入法，一篇兩千四百多字的原稿，花不到三分鐘就完成了。即使加上構思、潤飾，也只需十五、二十分鐘。

反過來說，以文字輸入同樣的內容，即使不修改錯別字，也要耗時將近三十分鐘，才能寫完。如果還要潤稿，花費四十分鐘絕對跑不掉。

透過聲音的溝通，即使有任何誤解，只要加以解釋就容易解決，並且能在短時間接收大量的資訊。相較之下，電子郵件等文字敘述，必須顧及閱讀理解的限制，因此小至一個錯別字、大至句型結構都得注意。不僅要花費大量時間，能夠傳達的內容也有限。

清楚認知電子郵件等文字功能的工具，與電話的優缺點，必要的時候毫不猶豫打一通電話聯絡，是我在豐田學會的工作技巧之一。

豐田の溝通

☑ 一通電話能解決的事情，絕不浪費時間寫電子郵件。

☑ 即使對方未接電話，仍可鼓起勇氣，積極聯絡。

☑ 寄電子郵件時，略過不必要的問候。

11

副本寄給雙方主管，你的信就不會被「晾著」！

假設有一項工作，需要其他部門同事的配合，你也事先告知對方務必於什麼時候回覆，對方也答應了。但是，期限都過了，卻等不到對方回覆。這個時候該如何是好呢？怎麼做才能讓對方立時回覆？有時候，對方只是忙過頭，而非故意拖延。該如何才能顧及對方，又達到自己的目的呢？

前面說過，凡是工作上的聯絡，與其將時間浪費在電子郵件往來，倒不如一通電話來得快。因此，遇到對方遲遲沒有回音時，**用電話確認反而直接且有效**。如果這招有用的話，當然皆大歡喜。

然而，若是已經語音留言或請對方同事轉達，對方仍沒有回音的話，又該如何是好？

打了好幾次電話，都音訊全無，我想脾氣再好的人也應該一肚子火。如果事態緊急，多打幾次電話沒什麼問題；然而，如果是不太緊急的事，也不方便奪命連環扣，只能靜待對方回覆。

更何況，職場上被「晾著」也是常有的事。即使透過電子郵件詢問「請問〇〇事情，目前進度如何？」卻沒有收到回覆，往往讓人懷疑：是不是信沒寄出去？

郵件副本寄給主管，讓對方躲不了

其實，這也是我剛踏入社會時常遇到的窘境。我還記得，有次主管問我：「那件事處理怎麼樣了？」我回應：「催了好幾遍，就是沒有下文。」馬上就被主管臭罵一頓：「沒有下文？那就是你的問題啊！」

後來主管教我一個殺手鐧：**實在沒有辦法的話，只要將對方與自己的主**

管加入寄件副本，保證立刻回覆。我實際試了以後，發現還真管用，多半當天都能得到回信。

只要郵件加上副本，自己及對方的主管都能掌握狀況，所以對方想裝傻也很難。只要使出這個殺手鐧，就不怕被對方晾著。不僅每次奏效，而且往後的聯繫也順暢許多。

如果你也有類似的困擾，不妨參考這個溝通技巧，相信絕對不失所望！

豐田の溝通

- ☑ 想要催促工作夥伴時，打電話最有效。
- ☑ 將主管加入寄件副本，催促對方回覆。
- ☑ 善用副本功能，不再被無視。

第三章

宛如連續劇般，豐田人的追根究柢

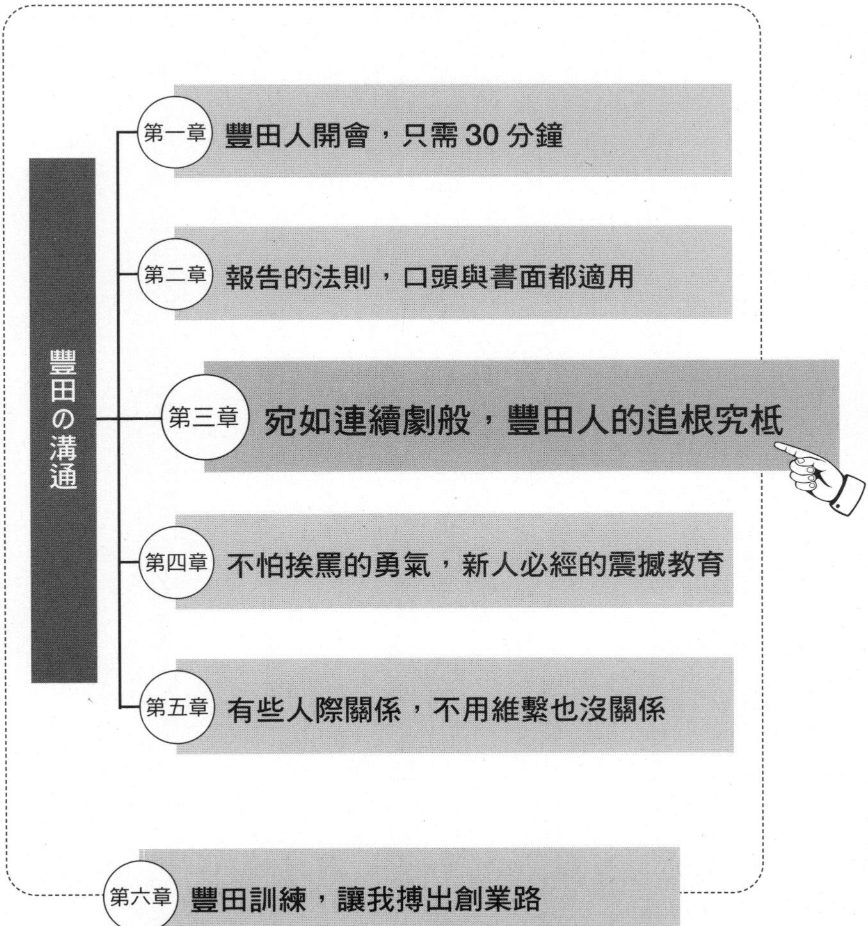
豐田の溝通
第一章
豐田人開會，只需30分鐘
第二章
報告的法則，口頭與書面都適用
第三章
宛如連續劇般，豐田人的追根究柢
第四章
不怕挨罵的勇氣，新人必經的震撼教育
第五章
有些人際關係，不用維繫也沒關係
第六章
豐田訓練，讓我搏出創業路

12

直球對決前，先察言觀色

我記得某次參加豐田的集團大會時，其中一位高層說過這段話：「所謂的察言觀色，不是配合大家，你好、我好、大家都好，而是堅守立場，不隨眾人起舞。」老實說，當時我只是聽聽就算了，不覺得有什麼特別之處。但現在回想起來，簡簡單單的幾句倒讓我深有同感，忍不住覺得這句話說得真好。

我在前面提過，離開豐田汽車後，我先是跳槽到電視臺，之後又去埃森哲外商公司擔任企管顧問。埃森哲秉承外商風格，標榜「單刀直入」（Think Straight, Talk Straight），甚至當成是他們的信條（Motto）。換句話說，就是**不浪費時間揣測對方心意，任何討論都是直球對決，馬上行動**。不僅大多數員工都遵守這個信條行動，我在埃森哲公司任職期間，也將這個精神謹記於心。

事實上，豐田過去也是奉行單刀直入、直球對決的企業文化與風格。但是，類似集團大會中那位高層如此發人深省的言論，近幾年來倒是少見，這種現象或許可以視為企業文化的危機。

豐田汽車躍升為國際頂尖企業後，主管與周遭同事漸漸學會日式傳統那套揣測人心的把戲，原本有什麼說什麼的公司文化，逐漸轉變為大家凡事只說三分的毛病。回想起來，那位高層之所以在大會上如此感慨，應該是擔心豐田優良的文化走樣。

傳統企業習慣封閉，因此這種直球對決的企業風格與文化，顯得特別珍貴與重要。

豐田之所以是豐田，當然有許多其他公司難以望其項背的過人之處。然而，就我個人而言，公司風格與文化才是打造豐田強項的基礎。

每個人都有不同想法，才是工作的價值

話說回來，如何做才能打造出像豐田這樣，實事求是、有話直說的企業文化呢？首先，**大家必須做好心理準備，因為同事彼此之間關係暫時緊張，可能在所難免**。不過，這並不代表要破壞人際關係、與他人對立。

或許你會不以為然：「如果每個人都有話直說，不是就吵起來了嗎？」或是想：「我才不想當主管的眼中釘呢！」沒錯，實事求是的做法，當然會有陣痛期，讓自己的人際關係變得緊張。

就我的經驗而言，不論是在豐田還是埃森哲，我都曾因為堅持己見，與同事的關係降到冰點。然而，這就是直球對決、堅守立場而必須承擔的風險。

不過，如果你將自己為何工作或自己的附加價值何在，與人際關係放在天秤兩端衡量的話，就明白人際關係只是一時的。但為了迎合他人，不敢發表自己的想法，甚至處處壓抑，絕對得不償失。

我認為**工作最重要的，不是人云亦云，而是每個人都踴躍說出不同的想**

法，與發揮各種創意。換句話說，即便是大多數人贊同的意見，只要自己不認同，也應該據理力爭，才是工作的真理。

許多人在職場上習慣察言觀色，即使不認同也違背真心，認為：「既然大家都這麼說，就這麼辦吧。」然而，就我自己的經驗或見識而言，哪怕你只有一絲懷疑也好，**鼓起勇氣拒絕迎合，甚至能打開天窗說亮話，才是職場上應有的工作態度**。

當然，如此一來必須承受心理壓力。然而，為了堅守工作的本質，卻是不得不的決斷。

話說回來，也不能一味唱反調。當自己的意見與其他人不同時，最好的辦法是透過數據或案例加以反駁（腦力激盪等需發揮創意的場合除外）。這就是「工欲善其事，必先利其器」的道理。陳述己見或辯論時，若能事先有所準備，會更具說服力。

如上所述，「懂得察言觀色，但不隨眾人起舞。勇於反駁、說明己見或提議」，可說是工作的基本態度。宏觀而言，這種做法才是真正的「察言觀色」，也應證前面所述那位豐田高層的喊話。

直球對決前，先觀察整體氛圍

不可否認的是，當我們拒絕迎合眾人，不論是發表看法、反駁或提出新點子時，難免面臨被孤立的窘境。

像豐田或埃森哲這類作風先進企業而言，當你有憑有據的反駁時，周遭的回應總是積極正向：「你的見解很不錯。」但遺憾的是，換作是一般的企業，同樣的情形卻可能引來一頓痛罵：「你以為你是誰，這裡有你說話的份嗎？」

這時，到底該不該繼續堅持己見，就必須懂得察言觀色，以免捅了馬蜂窩。重點在於啟動「危機管理」的雷達，觀察現場的氛圍後，再決定如何行動。對方如果也習慣實事求是、直球對決的話，便可放心的說出你的想法。反過來說，面對聽不進去意見的對象，則適時收斂，如此一來，至少能避開被孤立的困境。

然而，這種做法其實是「反面教材」，會影響工作的生產力，若非不得已，還是能免則免。

除此之外，再怎麼重視時間效益與強調工作本質的公司，也必須注重溝通技巧，否則若只是一味直來直往，很容易造成反效果。

比方說，發現地球自轉的天文學家伽利略（Galileo Galilei），就是因為太過堅持己見，而飽受牢獄之災。如果他懂得溝通技巧的話，或許就能躲過一劫。換句話說，只要他的說詞足以說服大家，就不至於讓他的偉大發現，變成其他科學家的功勞。

或許這不過是我個人的臆測。但總而言之，我想強調的無非是溝通技術的重要性。

有位德高望重的董事曾對我說：「好好先生並不等同於能幹。」職場上當然應該懂得察言觀色，然而也必須拒絕一味迎合。只要懂得說話技巧，就能將不必要的糾紛化於無形。

不論是個人還是組織，堅守立場、不隨眾人起舞才是今後的職場準則。

豐田の溝通

- ☑ 維持和睦的職場氛圍很重要，但避免相互揣測，更必須就事論事。
- ☑ 必要時，鼓起勇氣拒絕迎合，也是不得不的決斷。
- ☑ 磨練溝通技巧，降低直球對決的摩擦。

13 別人當成場面話，豐田當信條

如果我說，賺錢從來不是豐田的第一考量，而且也不這麼教育員工，你一定覺得我只是講講場面話。然而，這可不是我隨便說說，而是豐田至今仍維持這個營運方針。

新進員工培訓時，公司總不厭其煩教導我們，**只要對社會有所貢獻，獲得肯定，產品自然賣得出去**。換句話說，企業首要的任務不是獲利，而是善盡社會責任。有捨才有得，企業唯有付出，才能得到社會大眾的回饋。

這個經營理念，從公司高層貫徹到基層員工，人人奉行，大家總想著如何盡自己的職責，製造出讓客戶滿意的產品，對社會奉獻一己之力。大家都相信只要打出口碑，訂單自然源源不絕。

對大多數企業而言，豐田這種思維或許難以理解。老實說，當年我參加培訓的時候，也是滿腦子懷疑。

售價不是公司決定，而是市場

豐田規定，入職兩年的新人必須參加外宿培訓，接受在職的進階課程。我還記得課程中，我被講師點名問了這麼一個問題：「山本先生，你覺得一家公司如何才能獲利呢？」

所謂商業，無非就是「獲利＝營業額－成本」。因此，我想也不想就回答：「獲利的方法，不外乎提高營業額，或是降低成本。」

我原以為能就此脫身。沒想到講師接著問：「那麼，營業額又該怎麼提升呢？」

因為營業額就是售價乘上銷售量，於是我便回答：「提高售價，或者增加銷售量。」

講師突然臉色大變，意有所指的逼問：「你確定？」這時，教室裡陷入一片死寂。即便如此，我還是覺得自己沒說錯。

於是，我鼓起勇氣回應：「是的，我確定。不過，有什麼問題嗎？」

如果在工商管理碩士（按：Master of Business Administration，簡稱MBA）或經營學的課程上，碰到這個問題，我的回應當然是標準答案。我相信，大多數企業也會贊成我的說法。

然而，當場景換到豐田汽車，就完全不是這麼一回事。我只記得自己在一大群同梯的面前，被不留情面的教訓：「你什麼都不懂，還自以為是！」那一頓教訓，直到現在都還是我心裡的陰影。

老實說，講師莫名其妙發一頓脾氣，讓大家都嚇呆了。其他人應該跟我一樣困惑，按理論來說明明是正確答案，為什麼會踩到地雷呢？

講師發完脾氣以後接著說：「**售價取決於市場，而不是廠商。所以，正確答案是提高銷售量，或是壓低成本。**」

看到這裡，相信你應該是一頭霧水。

不過，當時的我很不服氣，還回嘴：「請恕我直言，這種場面話未免不切實際。」而且又繼續問：「提高售價，為公司創造利潤天經地義。更何況不賺錢的話，還做什麼生意？」

然而，講師沒有給出正面回答，只讓我們自己想。

在豐田，從來沒有所謂的標準答案，一切取決於員工反思與自省。講師的震撼訓練，讓我們這一批在職訓練生，開始思考「售價由市場決定」的意涵與公司的經營方針。

我在豐田工作幾年後，深刻體會「有捨才有得」的企業理念。豐田從來不執著於公司存在的意義，也不會激勵員工要為公司打拚。因為，社會責任才是豐田的首要任務。

我身為豐田的一員，在耳濡目染中逐漸對此產生共鳴。後來，轉換跑道到TBS後，電視臺裡收視率至上的氛圍，一時間還頗不適應。現在的TBS已回到過去的路線，講究實在的內容，而不走譁眾取寵的路線。但也曾一度因為收視率低迷，而陷入「收視率高就是優質節目」的迷思。

講師那句「售價由市場決定」，**對於剛從學校畢業、年輕氣盛的新人如我而言，不過就是「場面話」。然而，豐田卻將這個場面話當成企業理念**，公司內部由上至下都堅信不移的貫徹。

一步一腳印的努力，讓豐田在國際間始終保持頂尖品牌的優勢。或許這種堅持，才是豐田歷經千辛萬苦，仍然屹立不搖的關鍵。

符合消費者需求，自然就能獲利

老實說，豐田也不是「視金錢如糞土」，只不過「獲利」對這家老字號企業而言，就如同醫學上的建議睡眠時間。

例如正常人每天只要睡七、八小時，就足夠恢復體力，不需要睡上十小時或十四小時，那只是浪費時間。既然不用將一天大半的時間用來補充睡眠，剩餘的時間就可以用來做其他事。

豐田對於獲利的思維與此大同小異。所有收入扣除營運所需後，其餘獲利都用於車款的研發或顧客服務。

因此，即使「豐田汽車刷新獲利率」或是「豐田維持全球汽車銷售量冠軍」登上經濟版的頭條新聞，豐田人幾乎不會沾沾自喜、到處宣揚。經營團隊也從不將帳面上的利潤放在首位目標。

因為公司的經營理念，讓內部討論總是聚焦在市場的接受度、消費者需求、設計舒適度與合理性、避免發生因瑕疵而召回的問題等。

不斤斤計較眼前的利潤，秉持有捨才有得的理念。只要為社會付出，產品就賣得出去。這種「場面話」，**唯有透過商品的研發、降低成本（事實上是改善成本架構）與提高服務品質，密切符合社會需求，才有可能落實。**

如此說法看似不切實際，但我個人認為，這就是豐田對社會抱持的企業理念，也是內部溝通型態的基礎。希望豐田「有捨才有得」的思維，有助於你找出自家公司與社會的相處之道。

豐田の溝通

☑ 有捨才有得，對社會有所貢獻，自然就能獲利。

☑ 售價由市場決定，增加銷售量與改善成本架構，才是獲利的唯一法則。

☑ 堅守回饋社會的信念，正是豐田特有的企業風格。

14 問為什麼，很重要，所以要連說五次

提到豐田，總讓人聯想起「問五次為什麼」的規定。然而，事實與大家所想的有些出入。

豐田確實有這麼一條不成文的規定，凡事得先思考原因出在何處。而且，至少得自問五次。當然，如果情況稍微複雜的話，就得追根究柢直到得出答案為止。

我在豐田任職一年多之後，主管曾經問我：「山本，我們豐田有一項自問五次的規定，你知道為什麼嗎？」

對豐田而言，這是基本的工作態度。換句話說，要求員工**對任何問題抱**

持疑問的態度，以訓練思考能力。即使是內部已訂定的規則，也應該自己思考、理解規則的意涵。

事實上，反思的重點不在於次數，而是讓員工養成追究「為什麼」的能力。因此，才會要求員工凡事先自問，而且至少五次。

如同我前面說過，**在豐田，沒有所謂的正解**。任何一位員工說出自己的見解時，得到的永遠都是：「還滿有道理的。這就是你的想法嗎？」自己的答案是否正確，全憑主管的指示或態度而定。

換句話說，**答案因人而異，沒有標準答案。豐田就是透過這種培訓方法，讓員工體認獨立思考的重要性**。

連續劇般的「豐田追根究柢」

無論業務輕重或事情大小，這種自我反思的訓練，在豐田內部隨處可見。除了「為什麼」以外，**「何謂」也是常見的疑問句**。特別是當主管指導部屬時，動不動就會追問定義。

接下來就說說發生在我身上的故事吧。

我在豐田時，上級是一位即將退休的K主管。我在他的指示下，工作進行得很順利。只要按照指示，研發時程總是如期推進，而且輕鬆完成專案。當時的我真心以為，工作會永遠像全程綠燈般的順暢！

過了一陣子，K主管若無其事找我談話：「山本，你最近工作上是不是有點懶散？」

當時我沒想太多，就回應：「沒有啊，工作都沒有問題，一切順利。」沒想到，他給我一句回馬槍：「是嗎，那你說說何謂『順利』？」除了「為什麼」以外，「何謂」也是豐田常見的問答方式。當時我只覺得：「這是雞蛋裡挑骨頭吧！」雖然心裡不太愉快，但還是乖乖回應：「工作都按照計畫進行，沒有發生狀況或拖延。」

像是就等著我這麼說，他搖搖頭：「你都來這裡兩年了，卻還菜鳥似的，什麼都不懂。」

老實說，我根本聽不懂他在說什麼，難免將情緒寫在臉上。他看到我的表情，接著說：「工作永遠做不完，怎麼用得上『順利』兩個字呢？」

我覺得自己被擺了一道。雖然心裡不服氣，但也不得不讚嘆，薑還是老的辣。當時的我不太懂他的意思，所以站在那裡答不出話。不過，K 主管的表情與姿態像是在說：「敢說自己工作進行順利的人，只不過是自我感覺良好而已。」

總而言之，他想提點我的其實是：「你以為你是哪根蔥，才來公司兩年跩成這副德行！」

不直接挑明，而是用問答的方式引導反思，就是豐田的作風。

或許你會不以為然，覺得這是漫畫或連續劇裡才會出現的對白。沒錯，換做是我，我也會這麼想。不過，這可是我的親身經歷。而且，K 主管還接著問：「你告訴我，何謂『工作』？」

有了先前的經驗，這下子我也學乖了，直接放低姿態：「對不起，是我太輕浮，沒上緊發條。」這才結束我與 K 主管之間的小對決。

容我補充一句，第二年（也就是入職第三年）時，K主管也曾這麼對我說：「為何別人說什麼，你就做什麼？董事長叫你跳河的話，你跳不跳？」

這種對話看起來挺狗血，但在豐田可是稀鬆平常。後來，我與K主管處得非常愉快，維持亦師亦友的關係，直到他退休為止，工作上，我們不僅沒有因意見不同而引發爭執，他也沒有為難我、挑我毛病。直到現在，他依然是我尊敬的前輩。

不浪費時間私下揣測，直來直往說清楚講明白。同時，透過問答的方式，誘導對方自己找出答案。回想起來，或許這就是豐田獨特的思考訓練方法，也可以說是豐田的基因之一。

獨立思考，才不會被大環境淘汰

提起豐田，可能有不少人仍然停留在「一張A3紙匯整一切資料」的刻板印象，覺得這家公司實事求是，透過各種手法提高工作效率。殊不知，這不過是豐田的一小部分，因為**豐田根本不是如此謹守規矩的企業**。平常和睦相處的同事，一旦涉及工作，也往往在公司裡吵得面紅耳赤。

在豐田工作了八年，雖然隱隱覺得這家老字號也逐漸變調。但我認為，員工之間互相影響與傳承這種實事求是的工作態度，才是豐田之所以雄霸一方的關鍵所在。

對豐田而言，不論任何事情，總是圍繞著「為什麼」與「何謂」這兩個疑問詞追根究柢。

換句話說，就是**對外界的資訊存疑，並懂得如何將資訊內化，梳理出自己的一套意見或想法。除此之外，還不忘隨時更新與改善**。這就是豐田要求員工要具備的基本工作態度與能力。

你不妨也參考豐田的作風，養成自我思考的習慣。因為時代詭譎多變，唯有具備自我思考的能力，才能不被大環境淘汰。

豐田の溝通

- ☑ 自問不限於次數，思考道理何在，直到得出答案為止。
- ☑「為什麼」與「何謂」是豐田常用的問答方式。
- ☑ 保持疑問，培養獨立思考的辨識能力。

第四章

不怕挨罵的勇氣，新人必經的震撼教育

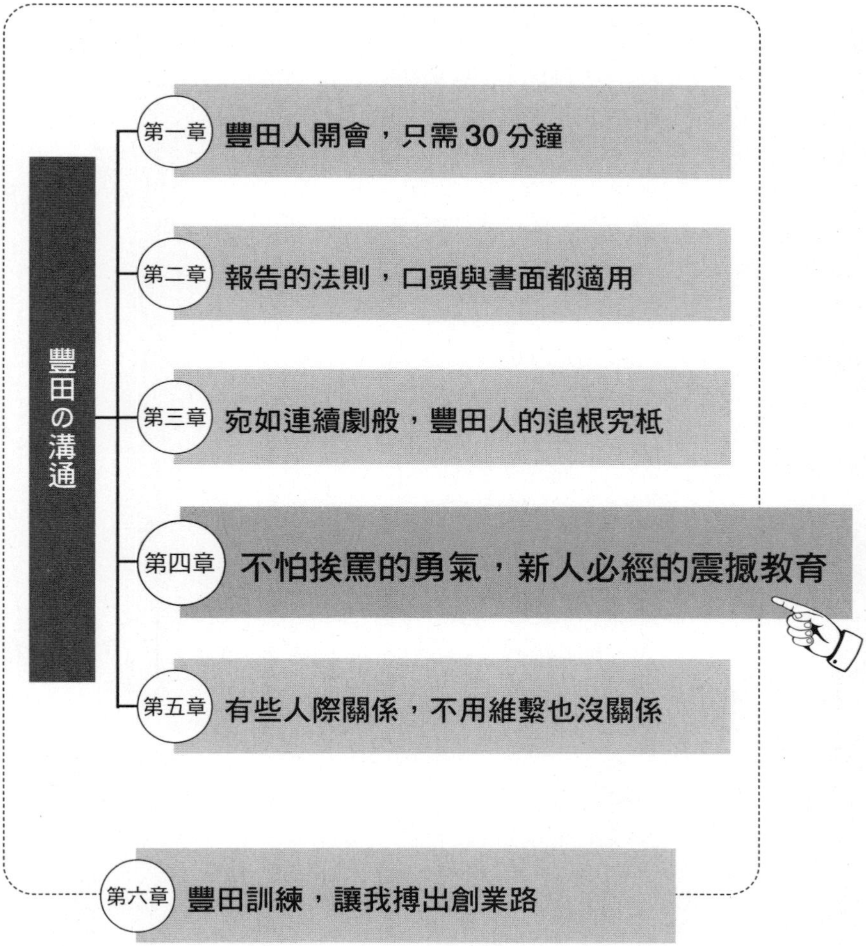
豐田の溝通
第一章
豐田人開會，只需30分鐘
第二章
報告的法則，口頭與書面都適用
第三章
宛如連續劇般，豐田人的追根究柢
第四章
不怕挨罵的勇氣，新人必經的震撼教育
第五章
有些人際關係，不用維繫也沒關係
第六章
豐田訓練，讓我搏出創業路

15 豐田品質，來自老師傅的「歹看面」

豐田的生產線中，總有一群「歹看面」的老師傅，他們雖然一臉凶相，卻是基層的支柱，扮演推動搖籃的角色，只不過那雙手從未手下留情。

汽車製造廠在新型車款量產以前，有一個「試車」的流程。這時候，研發小組便得在工廠紮營，全程參與。但工廠可是這些老師傅的地盤。他們大多數高中畢業後便進入豐田，在第一線打拚，即使菜鳥工程師學歷再高，他們也毫不留情，該怎麼罵就怎麼罵，實施「豐田師傅愛的教育」。

老實說，我在豐田工作了八年，老師傅「愛的教育」的鞭子，少說也接受了不下千回。

所謂愛之深、責之切，那些鞭子不僅刺骨，簡直是痛徹心扉。有些同事受不了這種震撼教育，就辭職走人。然而，只要了解他們的用心，這些鞭策成為前進的動力，打在身上反而舒暢。

當然，我並非受虐狂。而是我清楚下手越重，代表他們的期待值越高，這是那一代人的作風。我甚至慶幸，正是這些鞭策，才能培育出豐田優秀的工程師，讓新人鍛鍊成為社會中堅分子。

雖然只是我個人的見解，但我堅信豐田的企業本質與DNA，來自於生產現場的耳濡目染與傳承。「現場主義」、「豐田生產方式」或「改善力」等，其實都是源自生產線。老師傅的每一鞭，就像釘子似的，將豐田的DNA一吋一吋打進新人的心裡。

就算被討厭，有問題也要直說

除此之外，豐田廠房至今仍到處懸掛創業時期的標語，也就是「一人一創意、打造好品質」（按：「よい品よい考」，為豐田於一九五三年時，有鑑於汽車業界競爭激烈，為激勵員工而打出的標語）。這些老師傅將這句話視為尚方寶劍，誰膽敢違背這個原則，立刻就是一頓鞭子伺候。

總而言之，第一線的老師傅們就是真性情，一臉凶惡卻是鐵骨柔情，從不拐彎抹角。當然，罵起人來也完全不留情面。話說回來，我離開豐田、來到東京以後，倒是很少再見到這種震撼教育。不論是主管或前輩，大家總是客客氣氣，特別注意形象。

然而，**老師傅也不是倚老賣老、亂發脾氣，他們是站在客戶的立場，以嚴厲的手段給予最真誠的意見。這就是我心目中豐田的強項。**

這些老師傅當然知道，扮黑臉的後果就是不得人緣。更何況，近年來人權的意識抬頭，一不小心，「職權霸凌」（power harassment）、「性騷擾」（sexual harassment）或「精神暴力」（moral harassment）等大帽子，就會扣在頭上。

換句話說，別看老鳥威風，敢在眾人面前對著菜鳥破口大罵，其實背負的風險也不小。但即便如此，老師傅仍不留情的，將鞭子往菜鳥身上抽。因為他們的心臟很強壯，也準備好「被討厭的勇氣」。

如果沒有這些老師傅堅守崗位、真誠鞭策，菜鳥永遠只是菜鳥，不會成長，豐田的企業精神將漸漸消失，生產線的實力也無法傳承。因此，他們才會冒著被討厭、被投訴的風險，只要菜鳥稍有疏忽，劈頭就是一頓痛罵。

回想剛進豐田時，我也被罵得昏頭轉向。然而，他們這種就事論事，不顧忌私情的心態，當真散發出一種難以形容的帥氣。不知不覺中，這種氛圍讓我覺得自在，反而喜歡跟這些老師傅混在一起，只要一逮到機會，我便往生產線跑。

我認為，這些老師傅盡心培育後進的精神，十分值得主管階級參考，哪怕只管理一、兩名部屬。為了公司的發展、新人與自己的成長，扮黑臉也應在所不惜。另一方面，一般員工與同事或生意夥伴溝通時，只要態度誠懇認真，即便偶爾太過直接，也不算大問題。

當然，這也因人而異，不是任何對象都可以直來直往。但我相信，只要是發自內心的熱誠，即使意見不同，也不至於引發雙方衝突。

我雖然無法與豐田的老師傅們相比，但熱愛工作、秉持「就算被討厭，有問題也要直說」的精神，以最誠摯的心與人溝通，始終是我職場上的目標。

不願點出問題，就是縱容部屬犯錯

豐田的老師傅之所以如此嚴厲，除了技術的傳承以外，還背負企業責任。因為汽車製造業不同於一般的消費用品，任何一個細節都關乎客戶的人身安全。

我也是在當上主管以後，才深刻體會，有時候**板起臉教訓部屬、指導新人也是不得不的選擇。鞭子不打在身上，不會知道什麼是痛。如果只是好聲好氣提醒，無非是縱容他們繼續犯錯**。

特別是汽車的生產與研發，只要有一丁點出錯，便可能傷害消費者寶貴的生命，讓一個家庭支離破碎，造成無法彌補的憾事。因此，豐田的工程師有一條不成文的規定，凡是技術人員發現任何不妥或問題，即便對方是董事長，也是實話實說，絕不敷衍隱瞞。如果認為自己有充分的理由和證據，即便提出的建議可能被主管打回票，也應該說清楚講明白。

但如果只是因為對方位高權重，就不敢說出自己的意見，導致汽車被召回，或造成車禍、出了人命，即便是頂尖汽車製造廠，又有何用？

因此，豐田汽車研發團隊的會議，從來不是一團和氣的氛圍。大家總是脣槍舌劍，紛紛指出問題的癥結點或邏輯矛盾之處。

主管指著部屬的鼻子痛罵，部屬據理力爭的畫面，在豐田內部是家常便飯，久而久之便成為豐田的基本態度。換個角度想，如果員工不能發表自己的看法，豐田也不再是豐田。

我曾是豐田的一員，衷心期盼年輕一代豐田人能承繼認真嚴謹的工作態度，與優良的企業文化。同時，我也期望你能學習這種專業精神，在你的職場上發揮。

豐田の溝通

☑老師傅的震撼教育，是生產線的支柱。

☑前輩應不畏批評與風險，適時指點新進員工。

☑企業發展、個人成長與客戶的人身安全，遠比避免爭執更重要。

16 遇挑戰先做再說，但不要只摸一下就放棄

當你遇到問題，依自身能力無法解決時，應當即時求救或尋求周遭的建議。有時，如果能將自己不擅長的業務移交出去給其他人，反而會提高整體工作效率。

更何況，人生在世也只有短短數十年時光。同樣的時間與精力，比起做不擅長的事，選擇自己擅長的工作，對社會的貢獻更大。這也就是經濟學中所說的「相對優勢」（comparative advantage）。

這就是為什麼世界上會發展出各式各樣的職業。

然而，**判斷時切忌帶有先入為主的成見。此外，不論任何工作，都必須**

做看看，才知道自己適不適合。

當然，必須顧及工作的完成時限，在容許的時間範圍內，進行自我挑戰。所謂的「成長」，有不同呈現型態。例如「技能的學習」，就是其中之一。學習新技能當然耗費時間與心力。然而，如果只因一點挫折，便斷絕自己的可能性，就只能原地踏步，永遠沒有前進的一天。

持續挑戰，不要只是摸一下就放棄

以我的例子來說，統計分析向來是我最弱的一項。我在豐田時，被主管逼著苦學，沒想到還對我後來的事業有所助益。

幾十年前，豐田便察覺品管對製造業的重要性，因此定期舉辦大數據分析的簡報大賽。

我大學時主修 DNA 領域，主管以為與統計學有關，便指派我參加比賽。問題是，我研究的是 DNA 化學合成，而不是生物資訊學（按：指以應用數學、統計學、資訊學等方法研究生物學問題）。

老實說，剛開始我滿心不悅。因為不情不願，當然提不起勁來學習，所以一直沒有進展。沒想到，當我學到某個程度後，漸漸體會統計分析的樂趣，不知不覺入迷。而過去在研究所的訓練，讓我一旦進入狀況，無須旁人提點也會主動學習。幸運的是，後來我在比賽中獲得優勝，還上臺接受表揚。

從我自己的親身經驗不難看出，工作的適性與否實在不宜心存成見，也不該太快下判斷。倒不如先給自己一些挑戰的時間與空間，實際嘗試後，反而可能有意想不到的成果。

除此之外，如果你是主管階層的話，不妨給部屬或新人多一些時間，讓他們能進一步的嘗試新事物、發掘工作本質與樂趣。如此一來，反而有助於提升組織整體的戰鬥力。

回想起在豐田的那些歲月，自己何其有幸，遇到明智的主管給予我挑戰的機會與時間。

順帶一提，當我進入企管顧問業後，當時百般不樂意學習的統計分析，竟然讓我能在 AI（人工智慧）或 IoT（按：Internet of Things，物聯網）領域大顯身手。所以說，人真的不要自我設限，你不知道這些事物，會不會成為你未來的武器。

工作就像打棒球，找到自己的位置

然而，擅長與否並沒有標準答案。

百工百業中，體能類的項目能否達成，或能夠做到什麼程度，並不難判斷。例如，假設你的主管突發奇想：「公司派你去西班牙足球聯盟表現一下。」不用想也知道，怎麼可能做到呢？因為人的體能表現如何，是一翻兩瞪眼的問題，不能勉強。

好比藝術需要天賦支撐，也是同樣的道理。難道只要拿起畫筆、畫個兩撇，便能成為「梵谷第二」，彈幾下琴鍵便能當鋼琴家？

但另一方面，需要動腦筋的業務，例如辦公室裡的企劃、統籌等工作，判斷自己合不合適倒是有些困難。就如同我前面所說的，沒有正確答案。不過，我提供以下三點，或許可以當作你判斷的參考。

- 業務的執行能力。
- 個人的喜好（能否激起工作士氣）。
- 時間與精力的回報。

透過以上三點簡單判斷後，便可將自己不擅長或不適合的業務，移交給其他更適合的人接手。因為**一個人的能力有限，不可能所有工作全部包辦**。

就好比棒球隊，有人擅長犧牲打、有人擅長全壘打；有人不太能掌握揮棒訣竅，卻能投出時速一百五十公里的速球。一支球隊必須聚集各種不同能力的人，並且同心協力，才能贏得比賽。

換句話說，在還不清楚自己擅長的領域前，我們應該先將打擊手、投手與捕手等位置，先全都經歷過一遍後，找出自己最擅長的位置，同時，將其他位置讓給其他隊員發揮。每個人都在最適合自己的職位上，方能發揮組織最大效益。

豐田の溝通

☑ 適時自我挑戰，發掘潛在的能力。

☑ 避免抱持成見，以免錯過學習新技能的機會。

☑ 公司或主管應提供充足的時間，讓部屬自我挑戰。

17 做不到時要及時求救，別硬撐

工作上難免會遇到瓶頸，如果懂得適時求援，便能大幅提高工作效益。但是，如果動不動就搬救兵，反而可能討罵：「這點小事也做不好？」導致沒有人肯幫忙。因此，在開口尋求協助前，應該先釐清請求支援的分界點。

如何判斷當然不是憑空想像，**最有效的方法，就是實際嘗試看看自己的能耐如何，以及發掘自己比較擅長的領域**。

我還在豐田任職時，前輩總是告誡我：「『硬要做』與『做不到』是兩回事。」他想說的是，任何事情只要違反架構、理論或超出能力範疇，做不到就是做不到。無論付出多少努力，都只是白忙一場。

但我當時認為，這種說法有待商榷。先撇開架構與理論不談，能力是因人而異的，試都沒試，怎能如此武斷？

做不做得到，試過才知道

在某次研發中，設計上出了一點問題，當時組長愁眉苦臉的說：「這下慘了，光靠修改設計圖是不行的。」

我覺得不該輕言放棄，便說：「不試試看怎麼知道呢？或許行得通。」組長卻非常肯定：「不，根據我的經驗，連工法都得重新檢討。」然而，我卻以為修改或許有一定難度，但說不定可行。

我還記得，當時我們兩個人還因為「硬要做」與「做不到」的定義，吵得不可開交。

後來，因為需要等待其他部門的支援，研發工作延後了幾天。趁著這個空檔，我自己試著動手修改設計圖，不只是些微調整，而是大幅度改動。

幾經檢討後，發現這個問題光憑我們無法解決，必須請求其他部門協助。這個結論雖然與我最初的設想不同，卻是我自己實際試過以後得出的結果，因此，我心甘情願請求其他人幫忙。

當然，經過反覆嘗試就能成功的案例，其實也不少見。

別埋頭苦幹，做不到就求救

如同前面所說的，「硬要做」與「做不到」之間的分寸，必須試一試才知道。

明明超出自己的能力所及，卻又勉強去做，再怎麼努力也難以得到理想結果。因此，別只是自己埋頭苦幹，儘早向周遭求助或請教才是上策。

話說回來，工作的擅長與否，總得試一試才知道。平時掌握試行的效率與訣竅，一旦工作遇到瓶頸，便能迅速且正確的下判斷。

此外，對自己並不擅長的領域，也無須為了面子而堅持，及時請教或求援才是明智之舉。

希望你在工作崗位上，能不輕言放棄，先試一試再說。一旦遇到需要向人請教或求援時，也懂得當機立斷，絕不硬撐。

豐田の溝通

- ☑ 親自嘗試，確認事情的可行性。
- ☑ 時間允許下，找機會開發自己的潛能。
- ☑ 一旦發現超出能力所及，應放下身段，適時請教或求援。

第五章

有些人際關係，不用維繫也沒關係

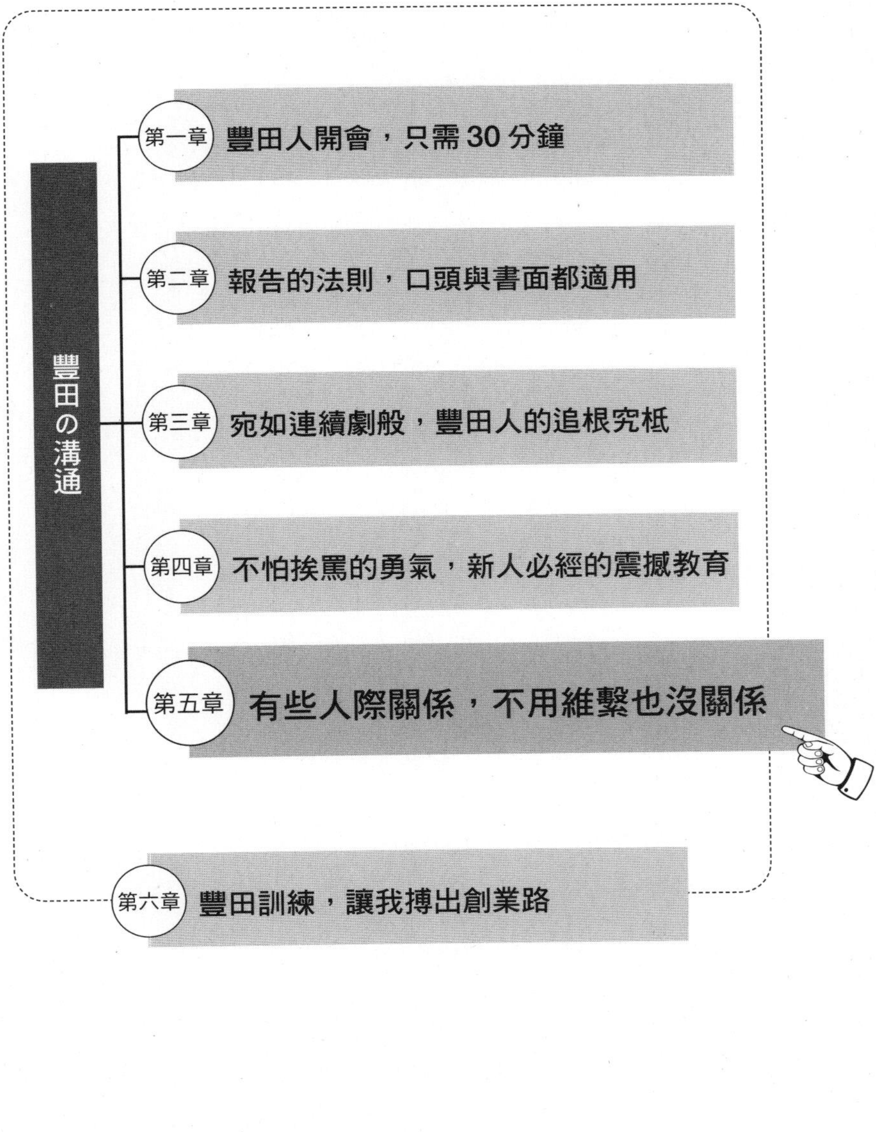
豐田の溝通
第一章
豐田人開會，只需30分鐘
第二章
報告的法則，口頭與書面都適用
第三章
宛如連續劇般，豐田人的追根究柢
第四章
不怕挨罵的勇氣，新人必經的震撼教育
第五章
有些人際關係，不用維繫也沒關係
第六章
豐田訓練，讓我搏出創業路

18 部門小酌，打開心結的最佳良方

近來，為了防止新冠肺炎疫情擴大，各種聚餐或聚會都受到諸多限制。不過，當年我還在豐田工作時，下班以後大家總是會去喝一杯，聯絡感情。

對於豐田這種地方企業來說，喝酒聚會可說是常態。不過，東京卻不時興這一套。當我離開豐田，來到東京時，還曾經訝異：「原來東京人不喝酒？」沒想到企業之間，連喝酒的文化也如此不同。

話說回來，我離開豐田後，便到了TBS電視臺工作，以東京的標準來說，還算是有不少應酬的公司。然而，如果與在愛知縣的豐田總部相比，應酬次數壓倒性的少。後來，我跳槽至埃森哲當企管顧問，或許是外商公司的緣故，喝酒應酬的機會同樣不多。

喝酒雖然有助於聯絡感情，但公司裡一定有不會喝酒或不喜歡喝酒的人，因此，聚餐時應該尊重每個人的意願，以免引發酒精騷擾（按：alcohol harassment，其行為包括強行灌酒、借酒醉粗暴對待他人及酒後性騷擾、性侵等）的糾紛。

撇開這些因素不談，回想當時，豐田之所以這麼喜歡在下班後，相約小酌一番，我認為不難理解。

把不滿埋在心裡，只會越滾越大

在豐田，被痛罵或爭吵簡直是家常便飯。這些在職場上的委屈與不滿，當然得找個方法化解。

如前文所說，不論是開會或討論，豐田人習慣直球對決。只論是非、不論立場，是豐田創業以來秉持的價值觀。

老實說，這種公司氛圍實在罕見。一是一、二是二的作風對菜鳥來說，不免被壓得喘不過氣。更何況，還有工廠裡老師傅們劈頭一頓痛罵的震撼教育，若沒有鋼鐵般的心臟，誰也難以承受。我也曾是承受不住的其中一員。

這時，主管總會假裝若無其事的說：「山本，明天晚上有空嗎？喝一杯吧！」於是，兩個人藉著酒意暢談、打開心結。

有時候，臨時邀約對方不一定有空，一對一的氣氛也過於尷尬。因此，整個小組或部門的聚餐也很常見。即使白天因為工作而有些摩擦、不愉快，趁著酒酣耳熱之際，大家都坦白說出自己心裡的想法。

內心不滿的情緒，如果不能適時紓解，只會越滾越大。因此，聚餐可以說是豐田獨特的職場療法，藉著酒意，卸下彼此心防、把話攤開來說。不可思議的是，透過聚會，同事間彼此更加了解，因此，上班時會把部屬罵到懷疑人生的魔鬼主管，漸漸成為部屬眼中值得尊敬的存在。或許聽起來不切實際，卻是我與其他同事的親身體驗。

線上開趴，也有同樣效果

新冠肺炎肆虐的非常時期，外出聚餐也多受局限。如果疫情不再的話，你不妨與同事相約下班後小酌，釋放工作壓力。

疫情期間，**線上開趴也是另一種選項**。聚會的目的在於人人盡歡，不會喝酒的人，也可以改點零酒精的啤酒或飲料。重要的是離開辦公室，在歡愉的氛圍下，說出彼此的想法與心聲。

雖然，現今年輕人大多不喜歡下班後，還跟同事喝酒聚餐。然而，**大家聚在一起大口喝酒、大口吃肉，仍是有效拉近彼此的距離的捷徑**。

老實說，喝酒文化就如同電話溝通，向來被妖魔化，但我認為有必要重新認識與評估。

如果情況許可，你也可以與同事相約小酌，促進彼此情誼。

豐田の溝通

☑ 下班後聚餐，藉機修復緊張的人際關係。

☑ 不滿或委屈儘早消除，以免造成後患。

☑ 不論時代如何演變，聚餐都是拉近距離、改善人際關係的最佳解法。

19
時間寶貴，不要浪費在麻煩人物上

工作中，遇到個性不合的人在所難免。其中當然不乏一些天兵，會讓我們難以置信的想：「天啊，還有這種事？」或是在心裡暗罵：「就不能好好說話嗎？」「這個傢伙到底懂不懂禮貌啊！」

無論私生活或職場，我們都不可能當獨行俠，總得與其他人有所接觸。然而，每個人都有自己的價值觀與工作方式，各自堅持己見或產生誤解的情況，也不在少數。

特別是在對外聯繫，公司作風的差異，總會讓人有摩擦。

此時，唯有懂得溝通才能達成任務，交出亮眼的成績。因此，即便對方的言行讓我們火冒三丈，也應該適時管控憤怒的情緒，迴避不必要的摩擦。

脾氣來的時候，不要立即反駁，先在心裡數六秒再發表意見。或是先上個洗手間，緩和一下情緒。

例如，在豐田，行車安全向來是公司第一考量，因此與產品相關的討論，大家總是有話直說。但除此之外，其他事情倒是以大局為重，能忍則忍。但話說回來，忍耐有時候也會忍出病來。自己的退讓可能使對方得寸進尺、糾纏不清，甚至顛倒黑白。**遇上這樣的麻煩人物，減少接觸機會、避免惹上麻煩才是上策。**

因為，過於忍氣吞聲，有時反而會影響工作進度，甚至對其他業務造成不良影響。

當對方是空氣

我剛進入職場時，遇到這種人簡直束手無策。當時，我總是配合對方，耐著性子一遍又一遍的溝通。

問題是，如此一來花費太多時間，難免影響工作進度。成全了別人，卻惹得主管不滿：「怎麼搞的，到現在還沒做完？」

直到有一天，我說出自己的苦衷，主管才搖搖頭說：「**遇到這種人，先讓自己沉澱三十分鐘。等心情平復後，還覺得『應該配合對方』的話就照做。相反的，只要心裡有一絲一毫不甘心，就當他是空氣，說什麼都不用搭理。**」

這是主管傳授給我的職場智慧與生存之道，因為「時間就是金錢」，與其浪費時間在蠢蛋身上，倒不如用來做一些正事。不過話說回來，能夠這麼硬派，當然是豐田向來強勢的緣故，換做其他公司或許不見得管用。

無論如何，人敬我、我敬人是基本處世道理。面對如此失禮的對手，只需公事公辦，其他無理取鬧視而不見即可，不須凡事配合他。這一要點倒是人人適用。

主管教我的這一招，可能你會覺得難以理解，甚至有點抗拒。例如，你可能會擔心這樣太不禮貌，或是害怕引起對方不快：「你這個人怎麼搞的，當我是空氣？」老實說，剛開始我也是這麼想。

然而，我當時只是抱著試試看的心情，不理會那些過分的言行後，沒多久對方也不再提出不合理的要求。有時，對方還會先主動道歉：「山本先生，上次我的語氣不太好，對你真不好意思。」也就是說，我先前的不安，都是多餘的。

這個經驗讓我深深體會到，**面對失禮或無理取鬧的人，越是配合，他們越得寸進尺**。因為一味委曲求全，只會讓對方將一切視為理所當然，合理化自己的言行。

相反的，**適時冷處理，反倒可以提醒這些讓人頭疼的對手，注意、反省自己的言行**。如此一來，反而給他們一個矯正機會。

由此可知，冷處理反而是對雙方都有好處的對策。但是，如果對方仍舊死性不改的話，不妨面對面把事情說開，或者讓對方的主管主持公道。

職場上切忌忍氣吞聲，將時間用在該用的地方，才是成功之道。

豐田の溝通

☑ 利用六秒鐘管理情緒，控制脾氣。

☑ 被惹怒時，切忌隨之起舞，沉澱三十分鐘再說。

☑ 善用冷處理方式，雙方都受益。

20 不合理的事到哪都有，你計較不完

即便文明進步至此，說穿了，人類也是動物，不像機器人一切都由程式設定，不受情感影響。或者應該說，**人大多數的言行，都隨心情而定**。

人腦比不上電腦，沒有記憶體能準確記錄每一筆資料。說過即忘、選擇性記憶，甚至表錯情會錯意，都是人之常情。

我常吃這種啞巴虧，不知道你有沒有類似的經驗。例如，主管明明下指示：「這件事交給你了。」完成後，竟然被指著鼻子罵：「誰叫你做的？」

明明我記得一清二楚，對方卻否認：「我可沒這麼說過！」就連豐田這種注重工作效率、實事求是的組織，也免不了上演這種鬧劇。

話說回來，只要有人的地方，就可能發生這種糾紛。對方之所以不認帳，可能是真的沒有印象、記憶混淆，也可能是想為自己開脫。無論如何，此時再追究誰對誰錯也無濟於事。

這個時候，上上之策就是自認倒楣，將這件事當作自己運氣不好，接著淡定應對。

或許是社會歷練還不夠，我早期在豐田工作時，遇到這種強詞奪理的情況，總是感到忿忿不平。不是抱怨自己運氣不好，就是氣憤碰上了爛人。

然而，工作久了也就見怪不怪，明白人與組織就是這麼一回事。年過四十以後，我也算在社會上見識過大風大浪，面對這種說話不算話的情況，已經達到能淡然面對、處理的境界。

回想起來，當時的我還太年輕，未免有些自以為是。如果換位思考，或許我才是大家的眼中釘，才是那個不講道理的頭痛人物。

總而言之，說一套做一套或各說各話，都是人之常情，為此氣憤並不明智，反而會落得「五十步笑百步」的窘境。

人類是情感的動物，控制不住情緒、不講道理，純屬天性。因此，**我總是提醒自己，人與人之間就是有許多不合理。**

換句話說，不對他人抱持過多期待，並理解人難免有走錯路或說錯話的時候。

如果事先有此認知，不論是職場上的溝通，甚至私下的人際關係都能輕鬆應對。相反的，**對他人期望值過高，往往失落感越大。遇到煩心的人事物，試著維持平常心，並且一笑置之。**

不講理是人性，計較只是傷自己的神

老實說，生活周遭讓人看不慣的事情比比皆是。我轉到企管顧問業後，有機會結識國內外的各種企業。我發現不合理的事，還真的是不分國界。

即便在豐田，不論是我的親身經驗，還是來自其他同事的小道消息，類似的糾紛也不少見。

例如我認識的某位豐田高層，因為他曾是我的面試官，在我離開豐田後，我們兩人偶爾會相約小酌一杯。幾杯黃湯下肚，他就忍不住發牢騷。即便是在大企業裡呼風喚雨的高層，還是會遇上別人不講理的煩心事。

但牢騷歸牢騷，這位前輩自己也說了：「幸好我考量大局，沒有拍拍屁股走人。」他這番話讓我了解，工作中總有許多不如意的事，重要的是以平常心應對。

沒有人是完美的。說過的話下一秒就忘記，或眼見情況不妙就改變說詞，這些狀況所在多有。

只要對人性有一定理解，即使對方再怎麼不講理，也能輕鬆帶過。如此一來，既不影響自己的心情與步調，又能善用時間提高工作效率。最重要的是，排除溝通或人際關係中的障礙。

認清人性的現實面，才不會吃虧。

豐田の溝通

☑ 人與人相處，就是有許多不合理的事。

☑ 不講理是所有組織的通病。

☑ 做好心理建設，減少溝通障礙，能提高工作效率。

第六章

豐田訓練，讓我搏出創業路

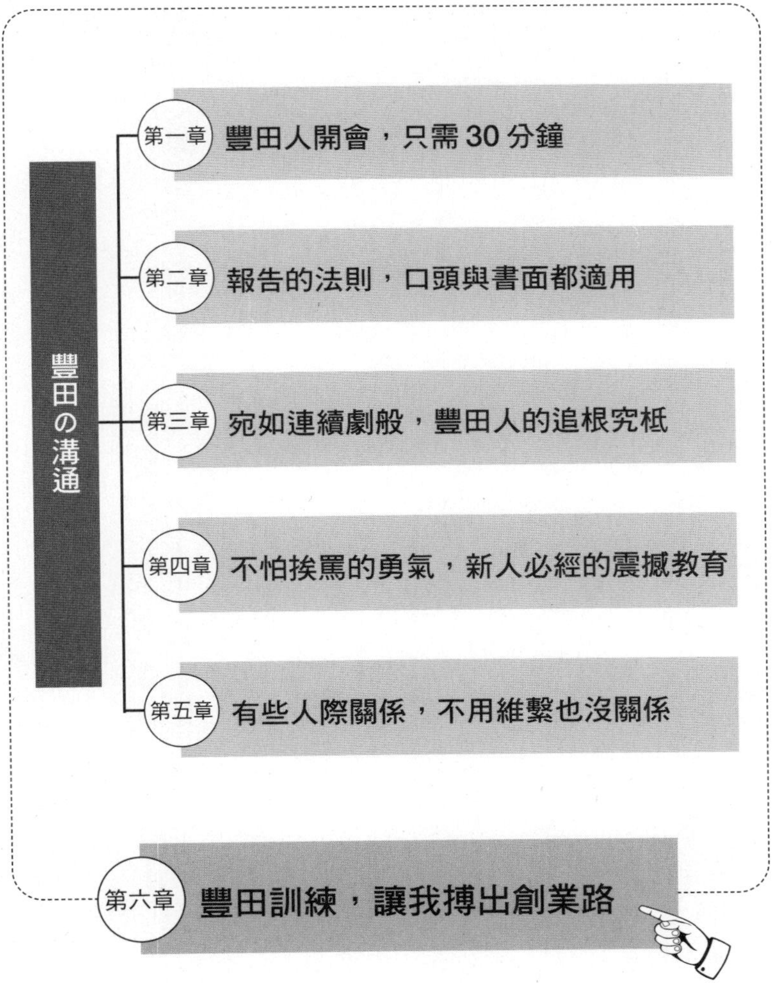
豐田の溝通
第一章 豐田人開會，只需 30 分鐘
第二章 報告的法則，口頭與書面都適用
第三章 宛如連續劇般，豐田人的追根究柢
第四章 不怕挨罵的勇氣，新人必經的震撼教育
第五章 有些人際關係，不用維繫也沒關係
第六章 豐田訓練，讓我搏出創業路

21 讓我有自信，又不會自我感覺良好

離開豐田以後，我選擇了一條完全不同的跑道，轉去光鮮亮麗的娛樂圈工作。

在TBS電視臺任職的期間，來往的都是演技一流的大明星，反應迅速、製造許多笑料的藝人，以及才華洋溢的音樂家。總而言之，就是讓我充滿景仰的人。每當與這些非比尋常的「天才」接觸，總讓我從心底佩服，因為他們的氣度或光芒遠比電視上來得亮眼。

話雖如此，我也從不因此看輕自己。或許是因為**豐田的訓練，讓我清楚認知：即便是普通人，也能夠打造世界第一品牌，製造出熱銷全球的車款。**

看著那些才華洋溢的菁英，你是否也心生羨慕，期待自己有那麼一天，也能成為像他們一樣的存在。年輕人的優點就是對前景充滿希望，總是相信自己有無限可能。

我雖然無意潑冷水，但如果努力了二十幾年，還混不出名堂的話，也該認清事實，腳踏實地的做一個普通人。

自我感覺良好，只會累死自己

更重要的是，避免「自我感覺良好」，看什麼都不順眼。

自我感覺良好的人，總以為「我明明才華洋溢，為什麼就是遇不到伯樂呢？」或懷抱「這些人太笨了，不懂我的好」的心態，瞧不起任何人。老實說，我也遇過這種人，但我總是躲得遠遠的，避之唯恐不及。

這些人或許只是想刷刷存在感，或誤以為唯有成為頂尖人物，人生才算功德圓滿。問題是從旁人看來，他們不過就只是「自我感覺良好」。

這種不切實際的生活態度不僅會累死自己，也影響人際關係。因此，到了一定年紀，還是應該回歸現實，別妄想自己有過人的才華。

其實，世界上大多數的人都只是普通人。才華洋溢的天才只有一小撮人，可遇不可求。換句話說，不論你我，周遭的同事、主管，全都是普通人。

然而，普通就普通，那又如何？

換作是體育界或藝文界的話，不是天才還真的頗難出人頭地。但是職場就不同了。**只要腳踏實地的努力，任何人都能闖出一片天。**

事實上，豐田也全靠普通人支撐。因為樸實低調向來是豐田的企業形象。當然，豐田也不乏能力卓越、經歷亮眼的員工，也有業績特別出色的經營團隊。但除此之外，大部分的員工都只是普通的上班族、工程師或作業員。

然而，豐田之所以能在全球市場搶得一席之地，全靠這些普通員工堅守崗位、默默支撐。

進一步說，豐田之所以有如此的口碑，全是基層的功勞。作業員堅守職責，盡可能提高工作效率，才能維持汽車的品質與銷售量。

即便沒有過人的才華，我們也無須自暴自棄或感到絕望。普通人自有普通人的活法與致勝之道。職場上，應該**堅守本分，發揮自己最大的力量，並懂得放下身段，適時請教或求援，切忌恃才傲物**。懷抱「相逢自是有緣」的心情，不忘對周圍所有幫助你的人道謝。

每一顆小螺絲釘都善盡自己的職責，發揮團隊力量，從下而上的達成目標，就是豐田的強項。唯有承認不足、改變態度，才能走出自己的路。

豐田の溝通

- ☑ 認清自己是普通人，腳踏實地，發揮自己的能力。
- ☑ 有夢雖好，但也不應該一直做夢。
- ☑ 商場如戰場，善用組織戰，也能搏出一片天地。

22 就算離職，我跟前主管還是常聯絡

行文至此，本書即將進入尾聲，請容我跳脫豐田的話題，分享我職涯上的甘苦談。

我有兩項堅守的人生準則。首先是「緣分」。緣分的定義可能因人而異，但對我而言，緣分代表「命運中的相逢」。

人生中可能遇到各種狀況，總是有好有壞。因此，一生中的機遇不論好壞，皆是緣分。例如，當年剛畢業的我，在豐田總部工作的那段歲月，當真是一帆風順。而且，認識不少人生中的貴人。

後來我轉換跑道，從愛知縣北上東京工作時，雖然也說不上天壤之別，

但與豐田那個溫暖的大家庭比起來，簡直就像在驚濤駭浪中求生。限於篇幅，無法一一細說，不過，知道內情的人必定會同情我：「真是辛苦你了。」

現在回想起來，人與人的相遇無非就是緣分。即便是立場不同，甚至到了反目的地步，都是命運的安排。

即使離開豐田，老同事仍找我喝一杯

緣分有好有壞，能遇到貴人自然是幸運，但如果遇到小人呢？我覺得不被影響才是最好的方法。換句話說，就是腳踏實地、珍惜每一天。

直到現在，我與豐田的同事、前輩或主管仍時常聯絡。我相信這是因為我的工作態度獲得認可的緣故。如果我做事隨便，只想把豐田當成轉職跳板，我想同事們也不會將我當一回事。

因此，即便已離開豐田這個大家庭，大家還時不時的相約：「喝一杯如何？」遇到任何困難，只要跟前輩請教，也必定能得到好的建議。

對於這些好的緣分，我由衷感謝。

話說回來，好的人緣如何累積呢？我認為不外乎**不口出惡言，也不要老是抱怨**。除此之外，提醒自己**緣分得來不易，不應與利益掛勾**。

後來，即便我自立門戶，也從未動用過去的關係撐門面，反而是這些人生中的貴人，幫我招攬不少生意。當然，人生在世總是有來有往，他們如果有企管方面的問題，我必定竭盡所能幫助。

然而，貴人不是到處都有。如果期待隨時有貴人相助的話，未免過於天真。對人不應抱持過度的期待，否則難免失望。

除此之外，懂得感恩也是我認為非常重要的道理。

我讀大學時，曾因為一起車禍，幾乎丟掉小命。鬼門關走上一回，徹頭徹尾改變我的人生觀。懂得珍惜世間萬物，對任何人都抱持感恩的心情。因為自己何其有幸，能在意外後活下來，重獲新生。

即使搭計程車遇到司機態度冷冰、不多說客套話，下車時我仍會笑著說一聲：「謝謝。」

當我開始誠心誠意的待人，得到的回報自然也有大轉變。如果有人對自己表現出厭惡或不懷好意，你應該不會給對方好臉色看。因此，對待他人也是同樣的道理。

然而，如果一開始就抱持感恩的心，對方或多或少也會感受到，而因此對你表示尊重及感謝。

心存感恩可謂人際關係的潤滑劑。也是我在鬼門關走上一回以後，領悟出的真理。你不妨參考我的經驗，時時懷抱感恩之心，對周遭的人說聲：「謝謝。」我相信，**唯有懂得感恩，才能化解一切人際糾紛。**

豐田の溝通

☑ 腳踏實地、認真工作及生活，貴人運自然倍增。

☑ 緣分得來不易，與人交往切忌參雜利益算計。

☑ 把「謝謝」掛嘴邊，自然贏得尊重。

後記
豐田的溝通法，AI技術無法取代

本書即將進入尾聲，感謝你的捧場相伴。

不知道你認為，隨著時代的演變，未來人際關係會如何改變？

我個人認為，應該會呈現**兩極化的發展**。**也就是說，需要密切溝通的會更緊密，不需要的往來逐漸減少**。

例如，過去業務員為了業績，不是拜訪老客戶、爭取訂單，就是到處推銷、開拓新客源。然而，受到新冠肺炎的影響，這些手法不再奏效。

為了防止疫情傳染，任何不必要的接觸能免則免。另外，也不再流行寄送賀年卡、年節送禮等交際。換句話說，就是削弱溝通的力道。

於是，真正需要的溝通越加密切，而禮節或無謂的往來將不再有用。換句話說，實事求是、直來直往才符合時代所需。

因為新冠肺炎疫情，開啟居家辦公的新時代。**居家辦公的好處之一，就是避免與冤家碰頭，搞得大家不高興**。即便基本的業務聯絡或例行報告不可豁免，至少都可以透過電子郵件等溝通工具解決。等同於減少面對面、直接交涉的機會。

今後，AI的發展仍在持續進化。因此，**文字溝通或基本的禮節來往等，能靠AI技術代勞**。事實上，部分餐飲店已經能夠透過文字或語音輸入接受訂單、提供外送服務。其精密的程度，甚至讓消費者察覺不出是AI技術。

然而，稍具難度的溝通，AI技術仍然不足。以目前的技術來說，一來一往的單向應答足以應付。但是因應情況改變、對方改變說詞，或配合TPO（按：指時間〔Time〕、地點〔Place〕、場合〔Occasion〕）而調整應對方式等，AI技術目前還差一大截。

話雖如此，**至少居家辦公加上AI技術，已經能半自動的處理例行溝通或基本問候。剩下的，就是AI技術無法處理、人與人之間的深度交流**。

新時代的溝通變來變去，容易讓人無所適從。我衷心認為我的老東家豐田，教會我的實事求是、Gb級工作效率與溝通技巧，才能迎合時代的需求。

本書所寫的內容雖然出自個人經驗，卻是豐田過去與現在一貫落實的工作技巧。相信你讀到最後，必定能有具體的理解。即便書中的內容，可能無法全都派上用場，但如果能夠根據所需靈活運用，或許有利於你今後工作的推動與職涯進展。

本書之所以能問世，承蒙各界鼎力襄助，限於篇幅無法一一列出，謹此聊表謝意。特別感謝家人與同事的默默支持。另外，樋口植樹先生於公於私的關照、Next Service的松尾昭仁先生、昴之舍的菅沼真弘先生與其同仁、老東家豐田的前輩，各位的協助我銘感於心。

最後，期盼閱讀本書的你，能開創屬於自己幸福美滿的人生。

Biz 382

豐田の溝通，比 JIT 更強的管理利器

不怯場一分鐘報告法，主管再忙都有空詳談，帶出敢發問、敢挑戰、敢求救的幹才。

作　　者／山本大平
譯　　者／黃雅慧
責任編輯／連珮祺
校對編輯／陳竑悳
美術編輯／林彥君
副 主 編／馬祥芬
副總編輯／顏惠君
總 編 輯／吳依瑋
發 行 人／徐仲秋
會計助理／李秀娟
會　　計／許鳳雪
版權專員／劉宗德
版權經理／郝麗珍
行銷企劃／徐千晴
業務助理／李秀蕙
業務專員／馬絮盈、留婉茹
業務經理／林裕安
總 經 理／陳絜吾

國家圖書館出版品預行編目（CIP）資料

豐田の溝通，比 JIT 更強的管理利器：不怯場一分鐘報告法，主管再忙都有空詳談，帶出敢發問、敢挑戰、敢求救的幹才。／山本大平著；黃雅慧譯. -- 初版. -- 臺北市：大是文化有限公司，2022.02
192面；14.8×21公分. --（Biz；382）
ISBN 978-626-7041-71-0（平裝）

1. 商務傳播　2. 人際傳播　3. 職場成功法

494.2　　110020102

出 版 者／大是文化有限公司
臺北市 100 衡陽路 7 號 8 樓
編輯部電話：（02）23757911　購書相關諮詢請洽：（02）23757911 分機 122
24小時讀者服務傳真：（02）23756999　讀者服務E-mail：haom@ms28.hinet.net
郵政劃撥帳號／19983366　戶名／大是文化有限公司

法律顧問／永然聯合法律事務所
香港發行／豐達出版發行有限公司 Rich Publishing & Distribution Ltd
地址：香港柴灣永泰道 70 號柴灣工業城第 2 期 1805 室
Unit 1805, Ph.2, Chai Wan Ind City, 70 Wing Tai Rd, Chai Wan, Hong Kong
電話：21726513　傳真：21724355　E-mail：cary@subseasy.com.hk

封面設計／孫永芳　內頁排版／江慧雯
印　　刷／緯峰印刷股份有限公司

出版日期／2022年2月初版
定　　價／新臺幣360元（缺頁或裝訂錯誤的書，請寄回更換）
I S B N／978-626-7041-71-0
電子書ISBN／9786267041697（PDF）
9786267041673（EPUB）

Printed in Taiwan